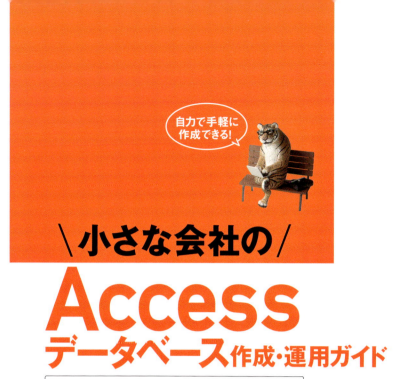

自力で手軽に作成できる！

小さな会社の Access データベース作成・運用ガイド

Windows 10、Access 2016/2013/2010対応

丸の内とら 著

SHOEISHA

本書内容に関するお問い合わせについて

本書に関するご質問、正誤表については、下記のWebサイトをご参照ください。

正誤表　　　　https://www.shoeisha.co.jp/book/errata/
刊行物Q&A　　https://www.shoeisha.co.jp/book/qa/

インターネットをご利用でない場合は、FAXまたは郵便で、下記にお問い合わせください。

〒160-0006　東京都新宿区舟町5
（株）翔泳社　愛読者サービスセンター
FAX番号：03-5362-3818
電話でのご質問は、お受けしておりません。

※本書に記載されたURL等は予告なく変更される場合があります。
※本書の出版にあたっては正確な記述につとめましたが、著者や出版社などのいずれも、本書の内容に対してなんらかの保証をするものではなく、内容やサンプルに基づくいかなる運用結果に関してもいっさいの責任を負いません。
※本書に掲載されているサンプルプログラムやスクリプト、および実行結果を記した画面イメージなどは、特定の設定に基づいた環境にて再現される一例です。
※本書に記載されている会社名、製品名はそれぞれ各社の商標および登録商標です。
※本書の内容は、2016年6月執筆時点のものです。

はじめに

　企業におけるデータベース活用は、もはや珍しいことではなくなりました。多くの企業がデータベースを活用し、日々の業務処理を効率化したり、自社のビジネスの現状把握／分析に役立てたりしています。

　本書を手に取られた皆さんの会社でも、きっと何らかの形でデータベースをお使いになられていることでしょう。あるいは、これからデータベースを活用したいとお考えの方もいるかもしれません。

　現在、少しまわりを見回せば、業務処理効率化のための市販のデータベースアプリケーションは、すぐに手に入るようになりました。それなりに高額なものもありますし、フリーソフトダウンロードサイトなどから、安価な、あるいは無料のアプリケーションを入手することも可能です。まずはこういったものを採用してデータベース活用を始めるのも、もちろん1つの方法でしょう。

　しかし、汎用化に重点を置いて作られた市販のシステムは、すべての会社のビジネスの形にぴったりマッチするわけではありません。使い続けていくうちに「ここはこうだったらいいのに」「こういう情報も合わせて管理したいのに……」といった不満や要望が出てくることも少なくありません。

　本書は「小さな会社」のために書かれたデータベースアプリケーション開発の入門書です。1人で業務を回している忙しい個人事業主の方、あるいは従業員数名20名程度までの中小規模の会社に向けて、「大きなコストをかけず」「できるだけ手軽に」、そして「真に自社の業務に役立つ」ようなデータベースアプリケーションを開発するための、「はじめの一歩」となることを目指して執筆しました。

　「アプリケーション開発」というと、ややハードルが高いように思われるかもしれませんが、「アプリケーションの開発をどのように進めるのか」という基本的なところを理解し、使いやすい開発ツールを活用すれば、自社のためのアプリケーションを自身で開発するのは不可能ではありません。

　本書ではMicrosoft Accessという使いやすいツールを利用して、データベースアプリケーションの開発の流れを解説しています。シンプルなデータベースアプリケーションを実際に作成しながら、アプリケーション開発の全体像を理解して頂けるような構成にするよう心を配りました。また、開発したシステムを長く使い続けていくために必須となる、完成後のカスタマイズの行い方についても章を割いて解説しています。

　近年になり、「ビッグデータ」「データ分析」「人工知能」というキーワードが世間を賑わせ始めました。情報が大きな意味を持つ現代、そして近未来において、企業活動から生じるさまざまなデータを蓄積／管理し、自由に加工する手段を確保するのは、強力な武器を持つのに等しいことだと考えています。

　データベースアプリケーションを開発するだけで魔法のようにビジネスがうまくいくわけではありませんが、自社の情報を自由に活用するための基盤を作っておけば、これから訪れる激動の時代を乗り越えていく上で、きっと役に立つはずです。

　本書を手にされた皆様が、この本をきっかけに「データベースアプリケーション開発」を身近に感じ、自分の会社に本当に役に立つアプリケーションの開発に着手していただければ、著者としてこんなに嬉しいことはありません。

2016年6月吉日
丸の内とら

CONTENTS

Interview Access業務システム開発事例 ……………………………………………… 009

Chapter 1 小さな会社のデータベース活用 …………………………………… 015
- 01 中小企業におけるデータベースの活用について …………………………… 016
- 02 Accessによる自作アプリケーションの可能性 ……………………………… 018

Chapter 2 データベースアプリケーションの基礎知識 ………………… 021
- 01 データベースとデータベースアプリケーション ……………………………… 022
- [Column] データベースの定義 ……………………………………………………… 023
- 02 リレーショナルデータベースを理解する ……………………………………… 025
- [Column] リレーションシップの使用例 …………………………………………… 028
- 03 Microsoft Accessの基礎知識 ………………………………………………… 029

Chapter 3 データベースアプリケーション作成の基本 ………………… 039
- 01 データベースアプリケーションを理解する …………………………………… 040
- 02 データベースアプリケーション開発の流れ …………………………………… 043
- [Column] 例題：開発の目的を明らかにする …………………………………… 045
- [Column] 例題：受注管理アプリケーションに必要な機能を洗い出す ……… 046
- [Column] 例題：受注管理アプリケーションの画面を設計する ……………… 047
- [Column] 例題：納品書をデザインする ………………………………………… 048
- [Column] 例題：テーブルを設計する …………………………………………… 049
- 03 運用開始後にバグが発見された場合の対応 ………………………………… 052

Chapter 4 顧客住所録システムを作る ………………………………………… 053
- 01 顧客住所録システムの概要 ……………………………………………………… 054
- 02 住所録テーブルを作成する ……………………………………………………… 057
- [Column] 数字と数値 ……………………………………………………………… 062
- 03 顧客情報入力画面を作成する ………………………………………………… 064
- 04 宛名印刷機能を作成する ………………………………………………………… 068
- 05 顧客住所録システムを使用する ………………………………………………… 077

Chapter 5 販売管理システムを設計する／顧客管理サブシステムを作る ……… 081

- 01 販売管理システムを作成する前に …… 082
- 02 顧客管理サブシステムに必要な要件を洗い出す …… 086
- [Column] システム画面の洗い出し …… 087
- 03 顧客マスタを作成する …… 088
- [Column] マスタテーブルとトランザクションテーブル …… 089
- 04 顧客登録フォームを作成する …… 096
- +α プラスアルファ レイアウトを変える …… 100
- [Column] より正確に年齢を計算する …… 106
- 05 顧客一覧フォームを作成する …… 107
- +α プラスアルファ 「顧客一覧フォームを表示するボタン」を設置する …… 113
- [Column] マクロについて …… 113
- [Column] コードの内容について …… 117
- +α プラスアルファ 「メールアドレス」フィールドを検索対象にする …… 118
- [Column] 完全一致と部分一致 …… 118
- 06 顧客管理サブシステムを使用する …… 119
- [Column] Accessのフィルター機能を利用して絞り込む …… 121

Chapter 6 商品管理サブシステムを作る ……… 123

- 01 商品管理サブシステムを作成する準備 …… 124
- [Column] 検索機能の必要性 …… 125
- 02 商品マスタを作成する …… 126
- 03 商品登録フォームを作成する …… 130
- 04 商品一覧フォームを作成する …… 132
- 05 商品管理サブシステムを使用する …… 138

Chapter 7 受注情報管理サブシステムを作る ……… 141

- 01 受注情報管理サブシステムを作成する準備 …… 142
- 02 テーブルの設計と作成 …… 144
- 03 テーブルを作成する …… 147
- [Column] リレーションシップの種類 …… 161

04 受注情報登録フォームを作成する 162
05 受注一覧フォームを作成する 179
06 納品書出力機能を作成する 189
07 受注情報管理サブシステムを使用する 198

Chapter 8 分析レポート出力機能を追加する 203

01 Accessによるデータ分析 204
02 売上状況を把握する 207
03 売れ筋商品を抽出する 217
+α プラスアルファ レポートの対象年月を表示する 224
Column ツールを利用したデータ分析 224

Chapter 9 販売管理システムを仕上げる 225

01 サブシステム間で連携する 226
02 顧客検索画面を作る 228
03 メインメニュー画面を作成する 239
04 販売管理システムを使用する 245

Chapter 10 販売管理システムをカスタマイズする 249

01 データベースアプリケーションのカスタマイズ 250
02 デザイン／レイアウトをカスタマイズする 255
03 項目の追加や削除 260
04 テーブルの構成を変更する 263
Column フィールドの変更や追加で留意すべき点 265
05 商品カテゴリー管理機能を追加する 269
06 データのインポートとエクスポート 284

index 290

本書の構成

INFORMATION
Accessデータベースシステムのメリットを知る

Accessを使った自作業務システムのメリットを紹介します。

BASIC
データベース作成の基本をしっかり習得

Accessを利用したデータベース作成の基本について解説します。

DATABASE SYSTEM MAKING
データベースシステムを作成／運用する

実際に業務で役立つデータベースシステムを作成します。作成したデータベースの運用に不可欠なカスタマイズ方法についても解説します。

本書のサンプルと対応バージョンについて

本書のサンプル

本書のサンプルは右のURLからダウンロードして利用できます。
本書のサンプルの構成は下図の通りです。

●サンプルのダウンロードサイト
URL https://www.shoeisha.co.jp/book/download

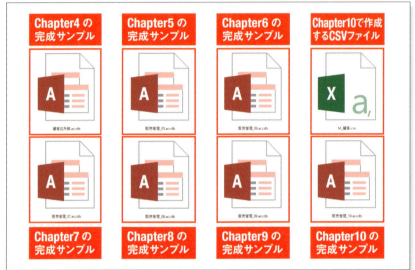

本書のサンプル構成

Accessの対応バージョン

本書の解説ならびにサンプルの作成はAccess 2016をベースに行っています。操作解説において、Access 2013/2010で操作方法が異なる場合はその都度、メモや注釈を入れています。

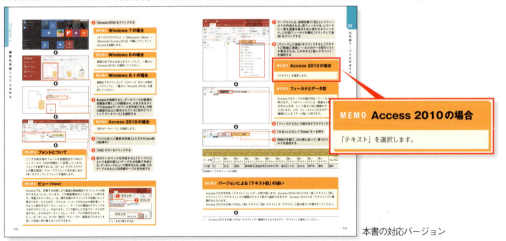

本書の対応バージョン

Interview

Access業務システム開発事例

Accessを利用した業務システムを開発している事例を紹介します。

01 会員・顧客管理で一歩先行くシステム会社

データベースからWebアプリケーションシステムの開発までこなす「株式会社ジュビロシステム」を紹介します。

株式会社ジュビロシステムのホームページ

会社名 株式会社ジュビロシステム
URL http://www.jubilo.co.jp/

システム営業部
佐藤 教幸
(さとう・たかゆき)

会社概要 Access、SQL Server等を用いたデータベース開発やPHP、.NETを活用したWebアプリケーションシステムの受託開発を行っている。また、OBCの奉行シリーズ等のパッケージ製品の販売や、既存システムの保守サービスや機能追加等も行っている。桐、FileMaker等の他製品で構築されたシステムからAccessへの移行も行っている。

01 Accessで業務システム開発をはじめたきっかけは?

電子設計用CADパッケージ販売のユーザー様から、見積書管理システムを依頼されたことがきっかけです。当初のシステムから販売管理、在庫管理などの機能拡張を進めた結果、その会社全体の業務を管理する基幹システムにまで成長しました。

02 御社で得意としている業務システムは何ですか?

会員・顧客管理をもっとも得意とし、多数の開発実績を持っています。また、一般業務、スポーツ、教育、医療、介護や旅行業など幅広いジャンルの業界を経験しています。なお、それ以外の業務でもシステム化が可能です。

03 Accessで作成する業務システムでよいところは?

プロトタイプが簡単に作成できます。それをもとにお客様が確認し、機能追加や修正が迅速に対応できますので、短期間で低価格なステム構築が可能となります。クラウド化(AWS、Azure)やGoogle Maps等を組み合わせた開発も可能です。

04 Accessと連係しているシステムはありますか?

りそな銀行「消込革命」、OBC「法定調書奉行、マイナンバー収集・保管サービス、勘定奉行、給与奉行」、販売管理(弥生、ソリマチ)、SAP R/3、Google Maps、CTI、お客様の既存のシステムとの連携実績があります。

05 AccessとExcelの連携した業務システムを開発していますか?

帳票出力においてExcel/Word出力を採用することは多くあります。また、Excelで作成されている見積書等のインポートやグラフ出力等にExcelを使用しています。同じOffice製品ということで親和性が高く相互に連携しています。

06 Accessによる業務開発で印象に残っている案件はありますか?

小さな見積もり管理システムから始まって、数年かけてその企業全体の基幹業務システムにまで発展させました。
またWebシステムの開発費を抑えるために、Accessはデータ入力に特化し、Webは閲覧にした結果、予算も抑えられ、大変喜ばれたことが印象的です。

07 Accessによる業務システムを納品したお客様からの反応はいかがですか?

大多数のお客様に喜んで頂き、保守契約で機能追加・変更をして継続的にご利用頂いています。お客様の声を掲示していますので、ぜひご覧ください。
URL http://www.jubilo.co.jp/database/database_example.html

08 今後どのようなAccessによる業務システムを開発する予定ですか?

PCベースの開発から、PCと携帯・スマホの連携を考慮したクラウド化への対応が広がっていくと思われます。IT業界の「工務店」を自任しておりますので、あらゆる業界のお客様の業務を迅速に遂行するためのシステム開発を進めていきます。

Accessに特化したシステム会社

国内トップレベルの導入実績を誇るAccess専門の開発会社「株式会社アクセス開発」を紹介します。

株式会社アクセス開発のホームページ

会社名 株式会社アクセス開発

URL http://Access-kaihatu.com/

代表取締役
上原 一義
(うえはら・かずよし)

会社概要 Accessに特化したAccess専門のシステム開発会社。長年の実績の豊富な経験から多種多様なお客様の要求に業界最安値でのAccessによる開発で国内トップレベルの導入実績になっていますので安心して相談できる。オーダーメイドによる新規システム開発と既存のシステム改修を行っている。昨今、古くなったAccessシステムの相談も増えてきている。そのような問題もAccessの再構築で改善可能で、気軽に相談できる会社である。

01 Accessで業務システム開発をはじめたきっかけは?

前職で企業内情報システム部の担当として外注の方に頼むほどではないけれども、「Excel＋手作業」で行うには無理があるような簡単な業務をAccessでシステム化していました。機能追加を繰り返していく内に立派な規模になってしまいました。

02 御社で得意としている業務システムは?

通信販売業向け顧客分析サブシステム・コールセンタ向けCRM・法人向け受発注管理・IEブラウザの自動操作による情報取得などです。

03 Accessで作成する業務システムでよいところは?

急成長している企業様では、テーブル項目の追加やフォームに対する機能の追加を頻繁に行いますが、そのあたりが簡単に対応できることがメリットです。またウィザードを使用していろいろなパターンのフォームやレポートを半自動で作成できて、便利です。

04 Accessと連係しているシステムはありますか?

特殊な例ですが、オープンソースIP-PBXのAsteriskと連携させたコールセンタ向けのCTIシステムがあります。電話着信時に該当する顧客情報を検索し表示します。一般的にCTIは高価なミドルウエアを必要とするため構築コストが大きくなりますが、Asteriskはオープンソースであるため非常に安価に構築が可能です。

05 AccessとExcelの連携した業務システムを開発していますか?

よくある事例として帳票をAccessのレポート出力ではなく、Excelの表として直接出力する場合です。レポートとして出力した場合、「数値の改変ができないこと」がメリットですが、逆にExcel表を出力してフィルターを利用したい場合や必要に応じて数字を修正したい場合があります。このような場合、従来はCSV出力してExcelで読み込み列の調整や書式の変更を手作業で行っていたことをボタン1つで出力できることは非常に重宝がられます。

06 Accessによる業務開発で印象に残っている案件はありますか?

不動産業者様からの依頼で、業者向け物件情報サイトの情報取得を行うシステムの開発でしょうか。これはWebBrowserコントロールをフォームに置いて対象のサイトに「ログイン」→「条件設定」→「情報表示」までを自動で操作し、表示された結果を参照してテーブルに格納していくものです。不動産業者様は手作業でコピー＆ペーストを毎日されていたので、非常に喜ばれました。

07 Accessによる業務システムを納品したお客様からの反応はいかがですか?

発注業務を「Excel＋手作業」で業務を行っていたお客様に納品した際ですが、もとのExcelの複数シート間での複雑な参照では更新処理に時間がかかっていましたが劇的に早くなり、原因不明の在庫不一致や納品漏れの発見ができるようになり満足されていました。また画面化はしていませんが、「発注警告を抽出するクエリによって、在庫切れを防ぐことができるようになった」とのことでした。

08 今後どのようなAccessによる業務システムを開発する予定ですか?

ネットショップの店長様にお使いいただけることを想定し、顧客分析や売上集計・出荷関連帳票出力などが簡単に行える汎用的なパッケージソフトの開発を予定しています。

Interview

Access業務システム開発事例

03 京都に密着したシステム会社

システム開発や保守運用などを引き受け、包括的にサポートしている「株式会社らくや」を紹介します。

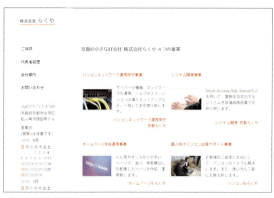

株式会社らくやのホームページ

会社名 株式会社らくや

URL http://raku-ya.info/

代表取締役
永江 健将
（ながえ・たけまさ）

会社概要 京都に密着して、中小企業がITを活用できるように、システム開発、保守運用などを一手に引き受け、包括的にサポートしているシステム会社。会社を設立して7年になり、さまざまな「縁」を通じて大きく成長している。「お客様のお役に立つ」という姿勢で邁進している会社である。

01 Accessで業務システム開発をはじめたきっかけは?

あるお客様から数万ファイルのデータをサムネイル画像と共にさまざまな条件で絞り込み検索ができるようなシステムがほしいと依頼されたことがきっかけで、Accessで開発をはじめました。

02 御社で得意としている業務システムは何ですか?

業務としては見積もり、受注、生産、在庫、会員、会計などお客様のご要望に応じて開発しております。データベースはSQL Serverを用い、フロントエンドの画面や帳票をAccessで開発し、多人数が同時にご利用できるシステムを得意としています。

03 Accessで作成する業務システムでよいところは?

お客様にとっては無償のRuntimeを利用することで、Accessのライセンス費用が不要なところです。また、本書を含め関連書籍も充実しているため、そうした情報をもとに帳票をレポートで簡単に作ることができます。こうした開発の敷居が低いところもよい点です。

04 Accessと連係しているシステムはありますか?

市販の在庫管理システムや、オンラインの集金代行システムなどと連携しています。

05 AccessとExcelの連携した業務システムを開発していますか?

Excelからデータを取り込み、集約した結果をExcelの表やグラフへ出力する業務システムも開発しています。

06 Accessによる業務開発で印象に残っている案件はありますか?

服飾メーカー様へ見積もり受注生産管理システムを開発させていただきました。当社の設立当初のお客様で、今でも保守が続いており、会社の規模が大きくなるにつれ、追加で開発をさせていただいております。

07 Accessによる業務システムを納品したお客様からの反応はいかがですか?

ログイン、メニューから開発しているので、「Accessということを意識せずに誰でも使用できる」と大変お喜びいただいております。また、起動時に最新版があれば自動的に更新するようにしているので、バージョンアップもスムーズです。

08 今後どのようなAccessによる業務システムを開発する予定ですか?

お客様のご要望に応じることが最優先です。その中で、少しでも使いやすく便利で、快適な業務システムを開発させていただきたいと思います。

04 生命保険（損害保険）システムを得意とする開発会社

保険システムの開発を多くこなす、「株式会社プロフェッサ」を紹介します。

会社名　**株式会社プロフェッサ**
URL　http://www.pro-s.co.jp/

企画・開発グループ
一期崎 直寛
（いちごさき・なおひろ）

株式会社プロフェッサのホームページ

会社概要　1990年創業のシステム開発会社。主に生命保険（損害保険）システム開発やシステム開発、Webサイトの制作などを行っている。

01 Accessで業務システム開発をはじめたきっかけは?

会社設立当初から、保険システムの開発をしていく中で、取引先である保険会社から「業務システムを開発できないか?」という要望があり、業務システムの開発をはじめました。

02 御社で得意としている業務システムは何ですか?

販売管理システムです。在庫管理、営業管理などの一般的なシステムから、文章管理、クレーム管理まで特殊なシステムを作ってきました。一番多い要望として、販売管理システムがあります。ですので、経験数から販売管理システムが一番得意です。

03 Accessで作成する業務システムでよいところは?

導入のしやすさです。ほとんどの会社ではOfficeツールを導入しているので、新たにシステム環境を構築しなくても手軽に導入できます。

04 Accessと連係しているシステムはありますか?

弥生会計と連係したシステムや、他社が作ったシステム（他言語のシステム、基幹システムなど）と連係したシステムなど、さまざまな実績があります。Webシステムと連携したシステムの実績もあります。

05 AccessとExcelの連携した業務システムを開発していますか?

Excelのマクロ機能を使ったシステムを開発したことがあります。画面表示はExcelで、データ蓄積はAccessで行い、Excelで帳票を出力するシステムです。

06 Accessによる業務開発で印象に残っている案件はありますか?

ある会社の基幹システムをAccessで開発した案件です。画面数は80くらいあり、商品の数、金額、売上、台帳出力、作業者の時間、それに伴う費用など、複数の管理をAccessで作成したので、印象に残っています。

07 Accessによる業務システムを納品したお客様からの反応はいかがですか?

最近は納品時の受け入れやすさと使いやすさにこだわっているので、「使いやすい!」「はじめてでもわかりやすい!」などの反応をいただいています。

08 今後どのようなAccessによる業務システムを開発する予定ですか?

Accessによる販売管理システムのパッケージを販売しているので、そのカスタマイズや、お客様からの要望に応じたシステムを開発する予定です。

本書で扱うAccessデータベースと本書の解説方法について

Accessを利用したデータベースシステムの作成について

本書では、業務システム開発にAccessを利用しています。Accessによる開発の基本から少し凝ったものまで、Accessのメニューから選ぶだけで作成できる方法を紹介しています。難しいVBAなどについては極力利用を避けていますので、VBAの知識がない方でも自社で役立つ業務システムを作成できます。

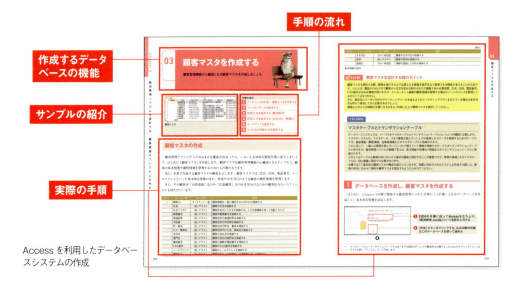

Accessを利用したデータベースシステムの作成

カスタマイズ方法について

最終章のChapter10では作成した業務システムのカスタマイズ方法を紹介しています。自社の仕事にぴったり合った業務システムに仕上げてください。

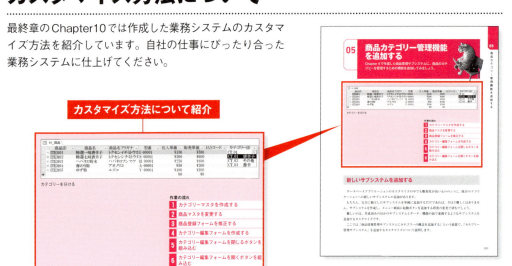

カスタマイズ方法を紹介

Chapter 1

小さな会社の
データベース活用

データベースの活用により業務効率化や情報の有効活用などのメリットを得ることができますが、コストや運用の面でハードルの高さを感じている方もいることでしょう。
このChapterでは小さな会社のデータベース活用について考えます。

01 中小企業におけるデータベースの活用について

中小企業におけるデータベースの活用について、考えてみましょう。

データベース活用のさまざまな形

現在のデータベース活用

　企業活動を円滑に進めていく上で、データベースシステムはもはや、なくてはならないものとなりました。かつて「仕事にデータベースを使うべきかどうか？」という次元の議論が当たり前のように交わされていた時期もありましたが、今ではほとんどの企業が、何らかの形でデータベースを利用していると言っても過言ではありません。

　取引先情報や社員の勤怠状況、営業マンの日報や経理関係の情報など、さまざまな情報がデータベース化され、専用の業務用アプリケーションを通じて管理されています。おそらく読者の方の会社でも、データベースを利用した業務用アプリケーションを日々の業務に活用しているのではないでしょうか。

　データベースをうまく活用すると、日々の業務を劇的に効率化することができます。また、データベースに蓄積したデータを分析し、ビジネスの発展に役立てることも可能です。

　「うちはまだ活用できていない……」という方は、ぜひこの機会にデータベースの活用にチャレンジしてみてください。

「オリジナルアプリケーション」「市販パッケージソフト」「自作システム」という選択肢

　業務用アプリケーションを導入するにあたっては、いくつかの方法があります。

　まず、専門のシステム開発会社に開発を依頼してオリジナルのアプリケーションを開発する方法。次に、弥生会計や奉行シリーズのような市販のパッケージソフトを購入して使用する方法。そして最後に、オリジナルのアプリケーションを自社で開発する方法です。

　次ページに示す図のようにどの方法にもメリットとデメリットがあり、どれがよいかは一概には決められません。

　たとえば専門業者に開発を依頼すれば、業務にマッチした高品質なアプリケーションができあがりますが、当然コストがかさみます。また、開発したアプリケーションに対するカスタマイズにも、多大なコストがかかることが多いと言えるでしょう。

	オリジナルアプリケーション	市販パッケージソフト	自作システム
メリット	業務にマッチした高品質なアプリケーションができる	多機能・低コスト	ビジネスにぴったりフィットしたものを作り上げられる
デメリット	多大なコストがかかる	カスタマイズが難しい	開発スキルが必要

「オリジナルアプリケーション」「市販パッケージソフト」「自作システム」のメリット・デメリット

　市販のパッケージソフトはカスタムメイドに比べればコストを抑えられる可能性がありますが、市販品は一般に汎用性を意識して開発されていることが多く、アプリケーションの機能が必ずしも自社の業務にフィットするとは限りません。カスタマイズはまったく行えないか、高いお金を払って開発を依頼しなくてはならない場合がほとんどです。

　それでは、自社でアプリケーションを開発する場合はどうでしょうか？「アプリケーションを開発する」というくらいですから、何はともあれその方面に関するスキルを持った人材が必要です。開発作業のためにはそれなりの工数を割く必要もあるでしょうし、ハードルは決して低いとは言えません。

　しかし、自分たちのためのアプリケーションを自分たちで開発するわけですから、自社のビジネスにぴったりフィットしたものを作り上げられるという大きなメリットがあります。

　また、一旦開発を終えたあとも、必要に応じて自由にカスタマイズを加えていける、というのも重要なポイントとなるでしょう。

Microsoft Accessという選択肢

　「アプリケーションのために潤沢な予算を割く余裕はない。社内にもシステム開発の専門知識を持つ人材はいない。それでもできるだけ自社の業務にフィットしたアプリケーションを手に入れたい」。このようなわがままな要望に対する1つの答えがMicrosoft Access（以下 Access）です。

　AccessはMicrosoft Officeファミリーに含まれるデータベース管理システムで、データの蓄積や管理を行うための仕組みとアプリケーション開発のための専用のツールを併せ持っています。

　Accessがあれば、日常業務に役立つさまざまなシステムを比較的手軽に開発して、すぐに使いはじめることができます。

　本書では「小さな会社」がAccessを使って、自社のためのアプリケーションを開発するためのノウハウを紹介します。

02 Accessによる自作アプリケーションの可能性

Accessを活用することで、どんなことが実現可能になるでしょうか？ ここではAccessによる自作アプリケーションの可能性について考えてみます。

Access自作アプリケーションでできること

　前節でも少し触れたように、Accessはデータを管理するための仕組みとアプリケーションを開発するためのツールを併せ持つソフトウェアです。ですから、Accessというソフトウェアを1つ用意すれば、それだけで高機能なデータベースアプリケーションの開発をはじめることができます。

　Accessを使うと、次のような業務を支援するアプリケーションを開発することが可能です。

- 顧客管理
- 取引先管理
- 勤怠管理
- 注文管理
- 商品管理
- 在庫管理
- 請求書発行管理

なるほど！

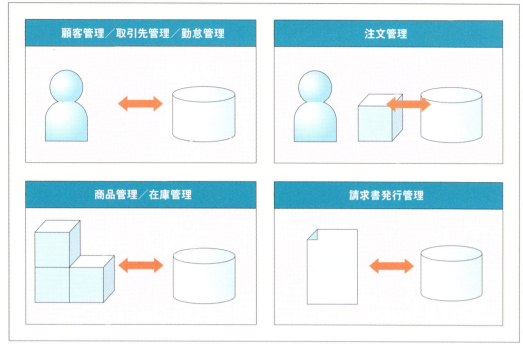

どのような企業でも求められる基本的なデータベース機能

データの蓄積と活用

　データベースを日々の業務に活用していると、さまざまな情報がデータベースの中に蓄積されていきます。こういった情報はそのままでは単なる「記録」にすぎませんが、しかるべき方法で加工／分析することで、ビジネスを推進する上での強力なヒントとして役立ってくれる可能性があります。
　Accessにはデータベースに蓄積された情報を必要に応じて抽出／加工し、シーンに応じた最適な形で表示するための機能が備わっています。
　本書ではこうした機能を活用して、業務に役立つレポートを出力する方法を紹介します。
　ビッグデータ時代を迎え、「情報」の重要性はますます高まるばかりです。これまでは「データの活用」についてあまり真剣に取り組んでこなかったという方も、ぜひこれからは意識を変えて、データという宝の山が持つ可能性に注目してみてください。

Chapter 2

データベースアプリケーションの基礎知識

このChapterでは、データベースアプリケーションを開発するにあたって、知っておきたいデータベースの基礎知識について解説します。データベースに関する基本的な知識を身に付けておけば、今後の開発作業をスムーズに進める上でおおいに役立つこと請け合いです。「そんなことはもう知ってるよ」という方も、復習の意味で、ぜひひととおり目を通してみてください。

Chapter 2 データベースアプリケーションの基礎知識

01 データベースとデータベースアプリケーション

データベースとデータベースアプリケーションについて、ごく基本的な事柄を説明します。

データベースとは

「データベースとは何ですか？」という質問に、すぐに答えることができますか？

ぼんやりとイメージすることはできても、いざ言葉にしようとすると詰まってしまうという方も少なくないのではないでしょうか。

インターネット上のWikipediaで調べると、データベースは次のように説明されています。

> 特定のテーマに沿ったデータを集めて管理し、容易に検索／抽出などの再利用をできるようにしたもの

データはただ雑然と貯めておくだけでは、あまり役に立ちません。関連のあるデータを集めて、整理し、使いやすい形に整えることで、業務遂行や意思決定のための強力な武器となるのです。

データベースを活用すると、ビジネスにまつわるさまざまなデータを蓄積／管理し、業務に役立てられるようになります。

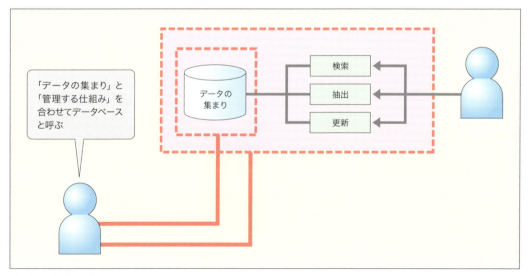

データベースについて

022

データベース管理システム

　データベースの作成／管理には、「データベース管理システム（DataBase Management System／DBMS）」と呼ばれる専用のシステムを使います。

　データベース管理システムは、その名のとおり「データベースを管理するためのシステム」で、データの新規登録や更新、削除や検索といった、データを操作するための基本的な機能を利用者に提供してくれます。

> **COLUMN**
>
> ### データベースの定義
>
> 「データベース」という言葉は、文脈によって微妙に異なる意味を持つ場合があります。前述のとおり「関連のある情報を再利用しやすい形で蓄積したもの」、つまりデータの集まりそれ自体をデータベースと呼ぶこともありますし、そのようなデータを管理するためのシステム（データベース管理システム）を指して「データベース」と呼ぶ場合もあります。
> 誰かとの会話の中で「データベース」という言葉が登場したときは、どちらの意味で使われているかを確認し、認識を合わせた上で話を進めるとよいでしょう。

> **☑POINT　データベース管理システムのいろいろ**
>
> 本書で使用するMicrosoft Access、FileMaker社のFileMaker、Oracle社のOracle DatabaseやMySQLなどもデータベース管理システムの一種です。

データベース活用のメリット

　いきなり根も葉もないことを言うようですが、データベースを使わなくてもデータを蓄積することは可能です。たとえば、Excelなどの表計算ソフトにデータを保存しておくこともできますし、もっと簡単に、Windowsのメモ帳のようなテキストエディタに入力して保存しておくという方法もあるでしょう。

　それでは、なぜ私たちはデータベースを使うのでしょうか？

　データベースを活用する最大の利点は、日々発生するたくさんのデータを、正確に、かつ効率よく管理／活用できることにあります。データベースを使うと、大量のデータを整理／統合し、必要なデータを迅速かつスムーズに、柔軟な形で取り出すことができるようになります。無造作に積み重ねられた手書きメモの束よりも、書式を揃えて適切な順序でファイリングされた書類のほうが見やすく使いやすいのと同じで、蓄積したデータをより効率良く活用できるようになるわけです。

　日々蓄積されていくたくさんの情報を管理する、データをもとに帳票やグラフなどを作成する、複数の異なるデータを組み合わせて事業分析をする……といった場面では、データベースが特にその威力を発揮します。

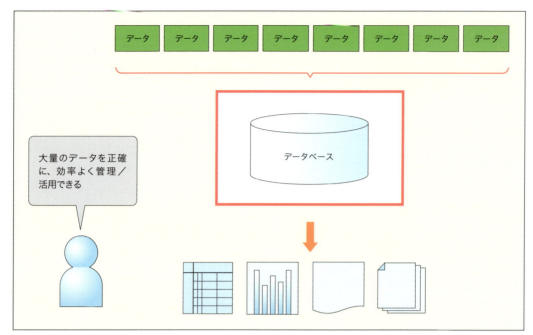

データベースが威力を発揮する

データベースアプリケーションとは

　データベースを利用して処理を行うアプリケーションをデータベースアプリケーションと呼びます。データベースアプリケーションはデータベース管理システムと外部のプログラミング言語などを組み合わせて作成します。

　データベースアプリケーションについては、Chapter 3で詳しく説明します。

02 リレーショナルデータベースを理解する

データベースの主流である「リレーショナルデータベース」について解説します。

リレーショナルデータベースとは

データベースはデータを管理する手法によっていくつかの種類に分けられますが、近年、世界中でもっとも幅広く利用されているのは「リレーショナルデータベース」と呼ばれるタイプのデータベースです。

リレーショナルデータベースとは、簡単に言えばデータベースの形式の1つです。ノートに何かを記すとき、右上の図のように箇条書きで書くこともあれば、右中央の図のようなフリーフォーマットで書くこともあるでしょう。

データベースにおいても同じようなことが言え、データベース管理システムがデータを管理する際、いくつかの方式があります。「リレーショナルデータベース」とは、そうした種類のうちの1つであると理解しておいてください。

リレーショナルデータベースでは、データの集まりをExcelの表のような形式（テーブル）で管理します。そして、表と表との間に関連（リレーションシップ）を持たせることで、より柔軟に、効率よくデータを管理できるという特徴を備えています。

本書で使用するAccessをはじめ、FileMakerやMySQL、Oracleなどのデータベースもリレーショナルデータベースの仲間です。

```
＜本日のToDo＞
・パルコでTシャツを買う
・明治屋でチーズとワインを買う
・Aさんに電話／喫茶店でお茶をする
```
買い物メモ　箇条書き

```
＜本日のToDo＞
パルコに行ってTシャツを買う。そのあとで明治屋に寄ってチーズとワインを買う。
時間があればAさんに電話して喫茶店でお茶をする。
```
買い物メモ　フリーフォーマット

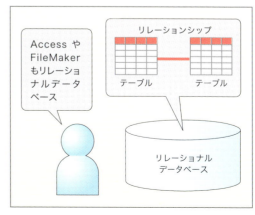

リレーショナルデータベース

リレーショナルデータベースの重要キーワード

リレーショナルデータベースを理解するために重要な6つのキーワードを紹介します。

- データベース
- テーブル
- レコード
- フィールド
- リレーションシップ
- SQL

6つのキーワード

データベース

データベースは「ひとかたまりのデータの集まり」としてのデータベースそのものを表す概念です。たいていの場合、1つのデータベースが1つのファイルとして作成／管理されます。

1つのデータベースの中には、このあとで説明するテーブルを複数格納することができます。

テーブル

テーブルはデータを格納しておくための領域です。リレーショナルデータベースのテーブルは、Excelに似た2次元の表形式でデータを管理します。テーブルの縦の列をフィールド、横の行をレコードと呼びます。テーブルには複数のフィールドと複数のレコードを持たせることができます。

レコード

レコードは一定の規則に従って並べたデータの集まりです。テーブルの構造上で言うと、横に伸びる1行分のデータがレコードです。レコードは1つ以上の複数のフィールドで構成されます。

フィールド

フィールドはレコードを構成する1つ1つの項目です。Excelの表で言えば、縦に伸びる列がフィールドにあたります。

リレーションシップ

リレーショナルデータベースでは、あるテーブルと別のテーブルとを関連付けることができます。この「テーブルとテーブルの間に設定された関連」をリレーションシップと呼びます。リレーションシップを使ってテーブルとテーブルを関連付けることで、情報の重複を防ぎ、効率よくデータを管理することが可能となります。

SQL

　SQLは、リレーショナルデータベースを操作するための専用のプログラミング言語です。SQLを使うと、データの作成や更新、削除、抽出（検索）といったデータ操作を行えるほか、テーブルの作成や削除、テーブルの構造の変更、データベースの作成や削除といった、データベースそのものの操作も行うことができます。

　なお、SQLの文法は比較的わかりやすいものですが、そうは言っても自由に使いこなせるようになるまでにはそれなりの経験が必要です。

　このため、AccessやFileMakerのようなデータベース管理システムでは、ユーザーが直接SQLを書かなくてもいいように、データ操作のためのコマンドやツールがあらかじめ用意されています。

　以上、リレーショナルデータベースを理解するための重要なキーワードについて説明しました。説明を読んだだけではピンとこない点もあるかと思いますが、今のところはおおよそのイメージだけ頭に入れておいてください。

　より詳しい内容は、Chapter 4以降の実践編を進めていく中で改めて説明していきます。

テーブル、レコード、フィールド

データ操作のためのツール

> **MEMO　SQLは「問い合わせ言語」**
>
> SQLは厳密には問い合わせ言語と呼ばれ、PHPやJavaなどのプログラミング言語とは区別されます。

COLUMN

リレーションシップの使用例

リレーションシップとはどのようなものかを理解するために、リレーションシップを利用して従業員情報を効率よく管理する例を見てみましょう。

まず、従業員に関する情報として、従業員No.、氏名、所属部署名、所属部署の内線番号を管理する必要があるとします。これらの情報をすべて1つのテーブルで管理しようとすると、同じ部署に所属する人が複数登場したときに、同一の情報が複数の箇所に繰り返し登場することになります（下図「すべての情報を1つのテーブルで管理する例」を参照）。この方法だと、従業員の所属部署が変更になった場合に、対象レコードの部署名、内線番号の両方のフィールドを変更する必要があります。変更の手間もかかりますし、作業担当者のミスで間違った内線番号を登録してしまうおそれも出てきます。

従業員

従業員 No.	氏名	所属部署	内線番号
E00001	山田太郎	総務部	1111
E00002	加藤正治	営業部	2222
E00003	佐藤花子	総務部	1111
E00004	大野孝之	情報システム部	3333
E00005	高野稔	総務部	1111

同じ情報が何度も登場し、効率が悪い

すべての情報を1つのテーブルで管理する例

そこで、管理するデータを、従業員に関する情報を扱う「従業員テーブル」と、部署に関する情報を扱う「部署テーブル」の2つに分けることを考えてみます。

従業員No.、氏名、所属部署は従業員に関する情報なので、従業員テーブルに持たせます。一方、部署名、内線番号は部署に関する情報なので「部署テーブル」に持たせます。

このようにしておいて、従業員テーブルと部署テーブルの間にリレーションシップを設定するのです。

リレーションシップを設定する際の一般的な方法としては、まず部署テーブルに情報を一意に特定するためのコードを管理するフィールドを追加し、従業員テーブル側の所属部署情報には、このコードを登録します。その上で、従業員テーブルの部署コードと部署テーブルの部署コードの間にリレーションシップを設定し、「この2つのテーブル（フィールド）は互いに関連がありますよ」ということをデータベースに教えてあげるのです。

こうしておくと、従業員テーブルには部署コードだけを保存しておき、部署名や内線番号を参照したい場合は、部署コードで部署テーブルを検索し、必要な情報をリアルタイムに取得してくる、ということが可能になります。

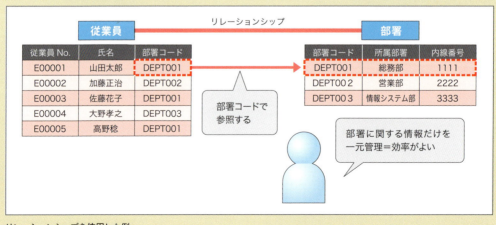

リレーションシップを使用した例

03 Microsoft Accessの基礎知識

本書ではAccessを利用してデータベースシステムを作成します。ここではMicrosoft Accessの基本的な機能や操作方法について解説します。

「Microsoft Access」とは

　Microsoft AccessはMicrosoft社のデータベース管理システムで、WordやExcelとともにMicrosoft Officeの一部を構成するソフトウェアです。Office製品全体で統一された使いやすいユーザーインタフェースを持ち、直観的な操作でデータベースを管理することができるため、データベースについて専門的な知識を持たないユーザーでも比較的容易に使いこなすことができるのが特徴です。

　Accessはデータベース管理システムとしての機能だけでなく、データベースアプリケーションを作成するための機能も備えています。たとえば、ユーザー向けの操作画面を独自に作成するための機能（フォーム）、データ操作を自動化するためのプログラムを開発する機能（マクロ）、蓄積されたデータをもとに帳票を出力するための機能（レポート）などが標準で備わっています。

　Accessを利用すれば、ほかのツールなどを用意することなく、高機能で使いやすいデータベースアプリケーションを開発することができます。

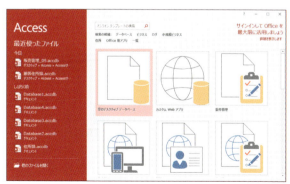

Accessは高機能で使いやすい
データベースアプリケーション

データベースオブジェクト

　Accessはさまざまなデータベースオブジェクトで構成されています。オブジェクトというのは「もの」とか「対象物」といった意味合いの言葉ですが、Accessのデータベースオブジェクトは、簡単に

言えば「データベースを構成する要素」です。

「車」がタイヤやミラーやシートなどの部品を組み合わせて作られるように、Accessのデータベースもテーブルやクエリ、フォームなどのデータベースオブジェクトを組み合わせて作成されます。

Accessを構成するデータベースオブジェクトには次のようなものがあります。

テーブル

クエリ

フォーム

レポート

マクロ

モジュール

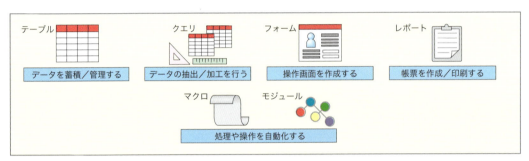

Accessの構成

> **MEMO Accessはリレーショナルデータベース**
>
> Accessはリレーショナルデータベースの一種です。この節の説明は、P.025の「リレーショナルデータベースとは」を思い出しながら読むことで、より理解が深まります。

テーブル

テーブルはデータを格納しておくための入れ物です。データベースに入力された情報は、すべてこのテーブルに保存されます。テーブルの縦列をフィールド、横の行をレコードと呼びます。

1つのデータベースの中に複数のテーブルを作成し、それぞれ独立した情報の集まりとして保存することができます。

テーブルの構造はExcelの表によく似ていますが、Excelの表はどのセルにどんな値でも入れることができるのに対し、Accessのテーブルでは列（フィールド）ごとに入れる値の種類（データ型）が厳密に定義されるという違いがあります。

どのフィールドにどんな値を入れるかは、テーブルを作成（デザイン）するときに決めることができます。

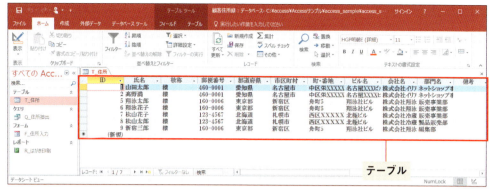

テーブル

クエリ

クエリ（Query）はデータベースから格納されているデータを取り出したり、取り出したデータを加工／編集して表示したりするためのオブジェクトです。

クエリを使うと、テーブルの構造は変えないまま新しい情報のセットを作成／表示したり、テーブルに登録されている情報の平均値や最大値を求めたりすることができます。

クエリ

また、リレーションシップと組み合わせて、複数のテーブルの値を連携させて新しい表を作成することも可能です。その他、クエリを使ってテーブルに新しいレコードを登録したり、レコードの更新や削除をしたりできます。

MEMO クエリとSQL

Accessのクエリは、P.027で説明したSQLを手軽に扱うためのツールであると考えることができます。データの抽出やテーブル内の値の計算、複数のテーブルの連結といった処理はSQLを使って行いますが、Accessのクエリを使うと、SQLを意識せず、直感的な操作画面でこれらの処理を行えます。

フォーム

フォームは操作画面を作るためのオブジェクトです。フォームを使うと、テーブルへのデータの入力、更新、削除などを行うための画面を作成したり、

フォーム

テーブルに格納されたデータを表示するための画面を作成したりできます。このあとで説明するマクロやモジュールを組み合わせることで、さまざまな便利な機能を搭載した画面を作ることが可能です。

フォームを活用すれば、利用者にとってわかりやすく、使いやすいデータベースアプリケーションを作成できます。

レポート

レポートは帳票（レポート）を作成／印刷するためのオブジェクトです。レポートを使うと、テーブルやクエリをもとに、領収書や納品書などの帳票、在庫一覧や売上分析レポートなどの見映えのよい印刷物を簡単に作成できます。

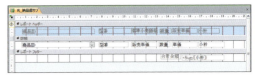

レポート

マクロ

マクロは特定の操作や処理を自動化するためのオブジェクトです。

Accessのマクロを使うと、「指定したフォームを開く」「指定した帳票を印刷する」「クエリを開く」といった処理を手軽に実行できます。たとえば、「フォームA上にボタンを配置し、ボタンがクリックされたらフォームBを開く」といった機能を簡単に作成できます。

Accessには「フォームやレポートを開く／閉じる」「レコードを検索する」「警告音を鳴らす」などのよく使われる機能があらかじめアクションとして用意されています。これらを単独で使うこともできますし、複数のアクションを組み合わせて新しいマクロを作成することもできます。

マクロでは実現しづらい詳細かつ複雑な処理は、次に説明するモジュールを使って作成します。

マクロ

モジュール

モジュールもマクロと同様、処理や操作を自動化するためのオブジェクトです。モジュールではVBA（Visual

モジュール

Basic for Application）というプログラミング言語を使って、処理を自動化するためのプログラムを作成できます。

　モジュールを使うとAccessの持つ多くの機能を利用して、自由度の高いプログラムを作成できます。マクロでは実現しづらい複雑な機能はモジュールを使って実現します。

Accessの基本操作

　AccessのユーザーインタフェースはWordやExcelなどとよく似ていますので、これらのツールを使いこなしている人であれば、それほど苦労することなく基本的な操作を身に付けることができるでしょう。ここではAccessの基本操作を簡単に紹介します[*1]。

Accessを起動する

Accessを起動するには、スタートメニューを開いてAccessのアイコンをクリックします。デスクトップ上にアイコンが作成されていれば、それをダブルクリックして開くこともできます。

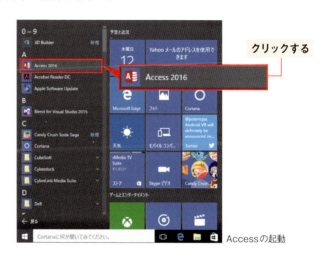

Accessの起動

Accessのスタート画面

Accessを起動すると、はじめに右図のような画面が表示されます。これはAccessのスタート画面で、ここから新しいデータベースを作成したり、作成済みのデータベースを開いたりすることができます。

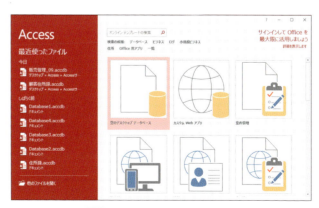

Accessのスタート画面

＊1　本書ではWindows 10、Access 2016をもとに解説します。

MEMO タスクバーに表示する

Accessの起動用アイコンをタスクバーに入れておくと、ワンクリックでAccessを起動することができて便利です。タスクバーに表示するにはアプリが起動しているときに、タスクバーのアプリのアイコンを右クリックして[タスクバーにピン留めする]を選択します。

タスクバーに登録

新規データベースを作成する

データベースは次のようにいくつかの方法で作成することができます。

空のデータベースを作成する

デスクトップ上で使用するデータベースを新しく作成したい場合は、この方法でデータベースを作成します。

空のデータベースを作成するには、スタート画面で「空のデスクトップ データベース」をクリックして❶、[ファイル名]に任意の名前を入力し❷、[作成]ボタンをクリックします❸。

なおファイル名を特に変更しない場合は、「空のデスクトップ データベース」をダブルクリックして作成することもできます。

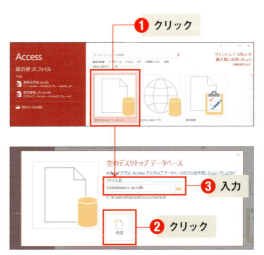

新規データベースを作成する

MEMO Access 2010の場合

「空のデータベース」を選択します。

テンプレートを利用して作成する

　既存のサンプルテンプレートなどを利用してデータベースを作成したい場合は、右図に示す方法でデータベースを作成します。

　テンプレートを利用すると、とても簡単にデータベースを作成することができます。Accessには、イベント管理、タスク管理、教職員名簿、マーケティングプロジェクトなどの魅力的なテンプレートが標準で用意されています。作成したいデータベースのイメージに近いテンプレートがあれば、それを利用することで手軽にデータベースを作成できます。

テンプレートを利用して作成する

カスタムWebアプリを作成する

　Web上で動作するWebアプリを新しく作成したい場合は、スタート画面で「カスタムWebアプリ」をクリックして、空のデータベースと同じ要領でデータベースを作成します。

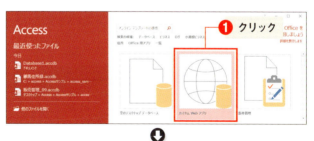

カスタムWebアプリを作成する

MEMO　Access 2010 の場合

「空のWebデータベース」を選択します。

MEMO データベースの保存場所を変更する

ファイル名の右側のフォルダアイコンをクリックすると、データベースファイルの保存場所を変更できます。

保存場所を変更

Accessの画面構成

　データベースを作成すると、下図のような画面が表示されます。この画面上でテーブルの作成やデータ操作などを行います。

　画面上部のリボンと呼ばれる領域にいくつかのタブが表示され、それぞれのタブの中にいくつかのボタンが格納されています。これらのボタンをクリックしてさまざまなアクション（処理）を実行します。

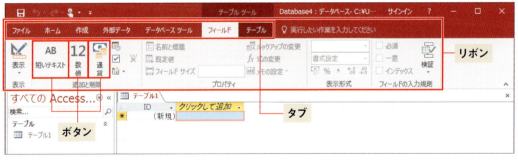

画面構成

タブを開く

　タブを開くには、目的のタブをクリックします。タブの中に格納されているボタンの種類はタブごとに異なります。Accessには次のようなタブがあります。

［ホーム］タブ

［作成］タブ

［外部データ］タブ

［データベースツール］タブ

［フィールド］タブ

［テーブル］タブ

> ⚠ **CAUTION** ⚠
>
> ### タブの枚数と内容について
>
> 表示されるタブの枚数や種類は、メイン操作エリアに表示されているオブジェクトによって変わります。前述の［フィールド］タブと［テーブル］タブは「テーブル」というオブジェクトが表示されている場合のみ表示されるタブです。

Accessを終了する

Accessを終了するには、［ファイル］をクリックして［閉じる］をクリックするか、右上の［×］ボタンをクリックします。

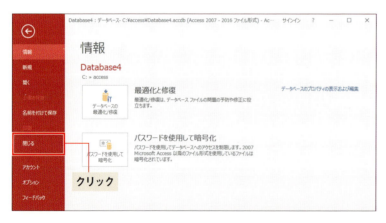

Accessの終了

Chapter 3

データベースアプリケーション作成の基本

Chapter 2でリレーショナルデータベースの概要および Accessの基本操作を学びました。
このChapterではもう一歩踏み込んで、業務に役立つデータベースアプリケーションを開発するために必要となる知識を身に付けます。

01 データベースアプリケーションを理解する

データベースを使って動作するアプリケーションをデータベースアプリケーションと呼びます。ここではデータベースアプリケーションについて説明します。

データベースとデータベースアプリケーション

　データベースに蓄積されたデータは、データベース管理システムを使って検索／閲覧するだけでなく、外部のプログラムから利用することも可能です。データベース内のデータとプログラムを組み合わせることで、データベース管理システムだけでは実現できないさまざまな処理を実現することが可能となります。

　データベースと連動して動くシステムのことをデータベースアプリケーションと呼びます。

データベースアプリケーションについて

　データベースアプリケーションには、パソコン上にインストールして使うデスクトップアプリケーションやWeb上で動作するWebアプリケーションなど、いくつかのタイプがあります。

　GoogleやYahoo!のようなサーチエンジンもデータベースアプリケーションの一種と言えますし、スケジュール管理ツール、家計簿ソフトなどもデータベースを利用して作られていることが少なくありません。

なぜデータベースアプリケーションが必要なのか

　Accessのようなデータベース管理システムがあれば、データベースにデータを追加する、データを更新／削除する、必要な情報を検索して取り出すといった基本的なデータ操作を行うことができます。

　それでは、なぜあえてデータベースアプリケーションを作成する必要があるのでしょうか？

　理由はいろいろ考えられますが「操作の難易度を下げる」「ある目的に特化した機能を実現する」といったことを目的として作成されるケースが多いと言えます。

　データベース管理システムを自由自在に使いこなすためには、データベースやソフトウェア操作について、それなりの知識やスキルが必要です。しかし、業務に携わるすべての人がデータベースの仕組

みを理解し、データベース管理システムの操作スキルを身に付けられるわけではありません。仕事の現場にはシステム関連の知識が豊富ではない人、パソコン操作に不慣れな人も少なからずいることでしょう。

そうした人にも手軽にデータベース上のデータを活用してもらうためには、データベースと利用者との間を仲介する「わかりやすいユーザーインタフェース（操作画面）」が必要となります。データベースアプリケーションは、この「わかりやすいユーザーインタフェース」の役割を果たします。

また、データベース管理システム自体は基本的なデータ操作機能を提供するものなので、それ単体では利用者のニーズにぴったりマッチする機能を実現できない場合もあります。そのような場合はデータベースアプリケーションを作成することで、本当に必要な機能を実現することができます。

データベースアプリケーションは、PHPやVisual Basic、Javaといったプログラミング言語とMySQLやOracleなどのデータベースを組み合わせて開発されるほか、Microsoft AccessやFileMakerのように、「データベースアプリケーションを開発するための機能」があらかじめ搭載されているデータベース管理システムを利用して、比較的手軽にデータベースアプリケーションを構築することも可能です。

Accessデータベースアプリケーションの基本的な構成

Accessのデータベースアプリケーションは、データを格納するためのデータベース本体と、データベースのデータを使って情報の操作を行うための操作画面で構成されます。これに加えて、帳票を印刷するための機能、操作を便利にするための補助機能などが組み込まれる場合もあります。

Accessを使ってデータベースアプリケーションを開発する場合の基本的なアプリケーション構成については次に説明する要素の中から、求める機能を実現するのに必要な要素を組み合わせてアプリケーションを作成します。

テーブル

テーブルはデータを格納しておくための領域です。Accessではデータベースオブジェクトの1つであるテーブルを使って作成します。テーブルはデータベースアプリケーションの心臓部とも言える部分で、慎重に設計する必要があります。

操作画面

テーブルへのデータ登録／更新／削除などの処理をする、テーブルに登録されたデータを参照するための画面です。Accessではフォームを使って作成します。マクロやモジュールを組み合わせることで、より高機能な画面を作成することもできます。

印刷機能

帳票やレポートなどを印刷するための機能です。エコ化の流れにのって紙の帳票は減少傾向にありますが、そうは言っても、紙の帳票がなければ業務が行えない場面もまだまだ残っています。AccessではレポートというデータベースオブジェクトをCXって印刷機能を作成します。

一括処理機能

一括処理機能は、一定期間に蓄積されたデータを一括で処理するための機能です。たとえば、毎月締日に従業員の給料を自動計算する、一定期間ごとに期限切れのポイントを消去する、といった処理を実現するために作成します。Accessではクエリやマクロ、モジュールなどを使って一括処理を作成して、フォーム上に配置したボタンのクリックなどで起動するのが一般的です。

外部連携機能

あるアプリケーションと外部のアプリケーションを連携させるための機能です。企業では業務内容や部署によって異なるアプリケーションが使われていることが少なくありません。たとえば、会計業務には市販のパッケージソフトを使用して、受注管理と顧客管理にはオリジナルのシステムを使い、マーケティング情報の管理にはオープンソースのCRM（顧客関係性管理）ツールを使う、といった具合です。

このような場合、データはアプリケーションごとに個別に管理されることになりますが、複数のアプリケーションでデータを共有する、あるアプリケーションで作成したデータを別のアプリケーションで利用するといった場面も少なからず出てきます。

このようなときに作成するのが外部連携機能です。外部連携機能の実現方法はいくつかありますが、Accessでは「テーブルのデータをファイルとして書き出す（エクスポート）」「ファイルからデータを読み込む（インポート）」という方法を使って、外部アプリケーションと間接的な連携を実現できます。

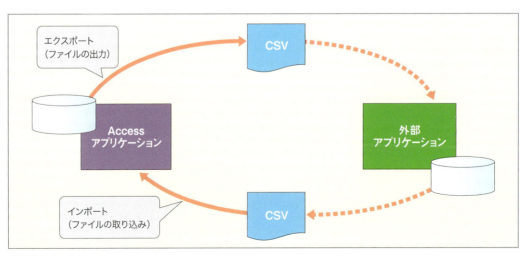

外部連携機能

02 データベースアプリケーション開発の流れ

ここではデータベースアプリケーション開発の全体像の把握と開発の流れについて解説します。

データベースアプリケーションを開発するためには、アプリケーション開発という作業の全体像を把握するすることが大切です。ここではまずアプリケーション開発の全体的な流れについて解説し、そのあとでデータベースアプリケーション開発の個々の作業について具体的に説明していきます。

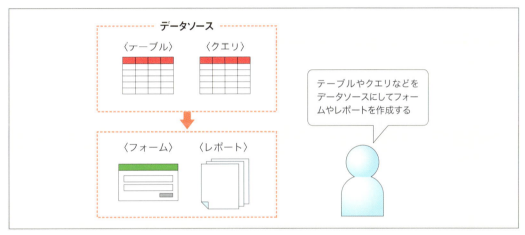

データベースアプリケーション開発の流れ

「使える」から「作れる」へ

「Accessの操作方法は身に付けたが、データベースアプリケーションの作り方がわからない」という悩みを持つ人は少なくありません。しかしこれはある意味、「無理もないことだ」と言えるでしょう。というのも、アプリケーションを開発するためには、「Accessを使いこなすこと」とはまた違った知識やスキルが必要となるからです。

どんなに上手に包丁を使えるようになっても、「料理の仕方」を学ばなければ上手に料理を作れるようにはなりません。カンナや金槌を神業のように使いこなせたとしても、「家の建て方」を知らなければ家を建てることはできません。

「Accessは使えるがアプリケーションは作れない」という人は、「Access」という道具は使いこなせても、「アプリケーションの作り方」が身に付いていないのです。「どのような手順でアプリケーション

を開発したらいいのか」という知識を習得できていないため、何をどのようにすればアプリケーション
を開発できるのかをイメージできないのです。

この節では、「Accessを使える」という段階から「データベースアプリケーションを作れる」という
段階に進むために必要となる基本的な事柄について解説します。

データベースアプリケーション開発の手順

ここでは、Accessを使った小〜中規模のアプリケーションを開発するのに適したシンプルな開発手順を紹介します。

アプリケーションの設計にはさまざまな手法がありますが、ここでは小〜中規模のアプリケーション開発を前提として、はじめて開発にチャレンジする方にも取り組みやすい方法を紹介しています。

小〜中規模のアプリケーションの開発に適した
シンプルな開発手順

目的を明らかにする

アプリケーションを開発する際に大切なのは、目的、つまり「何のためにそのアプリケーションを開発するのか」ということを明らかにしておくことです。

趣味でプログラムを作るような場合は別として、会社で利用する業務アプリケーションなどを開発する際には、何らかの目的があるはずです。それは日常の受注業務処理の効率化かもしれませんし、蓄積したデータを経営戦略の立案に活かすことかもしれません。いずれにしても、「開発したアプリケーションによって、現在自社が抱えている何らかの課題を解決したい」というニーズがあるはずです。

そうした目的を明らかにすることが、アプリケーション開発のはじめの一歩となります。

目的を明らかにする……。アプリケーション開発とは直接関係のないことのように聞こえるでしょうか？でも、決してそのようなことはありません。

「アプリケーションを開発することでどんな課題を解決したいのか」ということが明確になっていれば、「アプリケーションにどんな機能を付ければいいのか」「どういった点に配慮してアプリケーションを設計すればいいのか」ということが、おのずから決まってきます。

逆に目的をあいまいにしたまま開発を進めると、開発中にぶれが生じ、本来の目的を果たせないアプリケーションができあがってしまうこともあります。

COLUMN

例題：開発の目的を明らかにする

「アプリケーション開発の目的」という名前でドキュメントを作成し、受注管理アプリケーションを開発する目的を文章にしてみましょう。目的は粗すぎず細かすぎず、適度な粒度で記載するようにします。

受注管理アプリケーションを開発する目的なら「受注業務を効率化する」、顧客管理アプリケーションなら「顧客情報の管理／把握を可能にし、顧客との関係性を強化する」……というように、そのアプリケーションを使うことで直接得られるメリットに着目して考えます。

はじめのうちはなかなかコツがつかめないかもしれませんが、まずは実行してみてください。「あらかじめ目的を明確にしておこう」という意識を持つだけでも十分に効果があります。

〈受注管理アプリケーション開発の目的〉
・受注登録業務を効率化する
・納品書作成を効率化する
・注文情報を蓄積し、営業活動に活かす

アプリケーションを開発する目的を明確にしておく

アプリケーション開発の目的

アプリケーションを設計する

目的を明らかにすることができたら、アプリケーションの設計にとりかかります。

データベースアプリケーションの設計は、次のような手順で進めます。

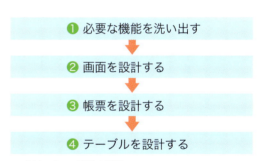

❶ 必要な機能を洗い出す
❷ 画面を設計する
❸ 帳票を設計する
❹ テーブルを設計する

アプリケーション設計の手順

①必要な機能を洗い出す

前工程で明らかにした「目的」を果たすために、開発するアプリケーションにどのような機能が必要となるかを考えます。

「機能」にもいくつかのレベルがありますが、この段階では「顧客情報を登録する」「ダイレクトメールを印刷する」といった概要レベルで必要な機能を洗い出していきます。

まずは思いつくままに書き出してみて、それぞれの機能が本当に必要か、不足はないか、統合できる機能はないか……というように精査していきましょう。

COLUMN

例題：受注管理アプリケーションに必要な機能を洗い出す

前ページで明らかにした目的に沿って受注管理アプリケーションに必要な機能を洗い出してみましょう。

目的	ネット通販の受注情報を管理し、売上や利益をスムーズに把握できるようにする
必要な機能	・受注情報を登録する ・受注情報を変更する ・受注情報を削除する ・受注情報を参照する ・納品書を印刷する ・売上レポートを出力する

受注管理アプリケーションに必要な機能

②画面を設計する

　機能の洗い出しが終わったら、それをもとにアプリケーションの画面を設計します。

　画面を設計する際には、まず必要な機能を実現するためにどのような画面が必要なのかを考え、そのあとで、各画面の詳細な構成を決めていきます。

　データベースアプリケーションで用いる画面には、大きく分けて次ページの表に示すような種類があります。これらの中から必要な機能を実現するのに適したタイプを選んで、アプリケーションを構成します。1つのアプリケーションで使用する画面は1つとは限りません。データ登録用画面、検索用画面、一覧表示用画面の3つでアプリケーションを構成することもありますし、もっと多くの画面を使う場合もあります。

　どのような画面を作成するかを決めたら、その画面にどのような項目をどのようなレイアウトで配置し、どのような機能を割り付けるかを1つ1つ考えていきます。

　画面の設計は白紙に手書きで行ってもいいですし、ExcelやWordなどの作図機能を使って行っても構いません。開発ツールにAccessを利用する場合は、実際にフォームを作成してコントロールを配置しながら行うのもよいでしょう。

　設計が完了したら、その時点における完成図を何らかの形で残しておきましょう。紙に手書きしたものならそれをファイリングし、ExcelやWordで作図した場合はデータとして保存しておきます。Accessのフォームを利用して画面デザインを行った場合は、画面のハードコピー（キャプチャ）をとっておいてもよいでしょう。

　このように記録を残しておくと、開発中に変更が生じた場合に、以前の状態と比較することができて便利です。

画面タイプ	説明
新規登録画面	データの新規登録を行うための画面
変更画面	データの変更を行うための画面
参照画面	データを参照（表示）するための画面
検索画面	データの検索を行うための画面
一覧画面	複数件のデータを一覧表示するための画面
その他	メニュー画面やダイアログボックスなど、データを直接操作しない画面

データベースアプリケーションで使用する画面

> **POINT**
> **画面のキャプチャをとる**
> 画面上にAccessのフォームを表示した状態で[PrintScreen]キーを押すと、画面全体をキャプチャできます。

COLUMN

例題：受注管理アプリケーションの画面を設計する

右図の機能を実現するような受注管理アプリケーションの画面を設計してみましょう。
はじめに、どのような画面をいくつ作成するかを考えます。各機能をそれぞれ1つの画面として作成することもできますが、画面の数が多すぎると開発に時間がかかりますし、その後のメンテナンスも大変になります。1つの画面にまとめられる機能があれば、統合することも考えます。
今回の場合、受注情報の登録／変更／削除／参照の4つの機能は1つの画面に統合できそうです。検索画面はこれらの画面とは少し構造が違いますので、別の画面として作成したほうがよいでしょう。納品書の印刷は、検索結果の一覧表示画面に統合できそうです。
どのような画面を作成するかが決まったら、各画面の構成を考えていきましょう。登録／変更／参照画面と検索／一覧表示を行う画面では、画面に配置すべき項目の種類も異なってきそうです。ある画面から別の画面を呼び出すような機能がほしい場合は、それをどのように実現するかも考えてみましょう。

受注情報を登録する
受注情報を変更する
受注情報を削除する
受注情報を検索する
受注情報を参照する
納品書を印刷する
売れ筋レポートを出力する

受注管理アプリケーションの機能

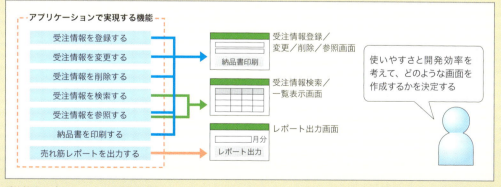

受注管理アプリケーションの画面の設計

③帳票を設計する

アプリケーションに帳票（レポート）出力の機能が必要な場合は、帳票の設計も必要です。どのような項目をどのようなレイアウトで出力するかを考えて帳票をデザインしていきます。

業務で使用している手書きの帳票がすでにある場合は、それを参考にするとよいでしょう。新規に作成する場合は、出力した帳票がいつ、どのような用途で使用されるかを考えて、必要な項目を適切な順序でレイアウトしていきます。

COLUMN

例題：納品書をデザインする

受注管理アプリケーションから出力する納品書をデザインしてみましょう。
現在お付き合いのあるお客様の名前や電話番号、メールアドレスなどの必要な情報を一目で把握できるようなシンプルな帳票を設計してみてください。

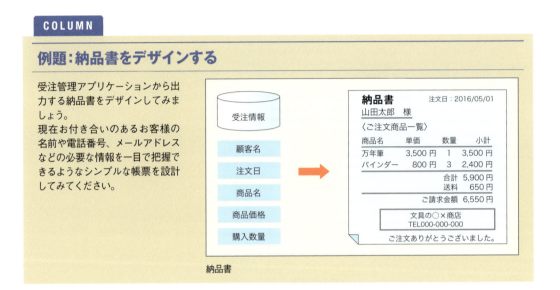

④テーブルを設計する

画面や帳票の設計が完了し、アプリケーションで取り扱うべき情報が一通り揃ったら、テーブルの設計に着手します。はじめにテーブルを作成してから画面を作るというアプローチもありますが、慣れないうちは画面や帳票のような「目に見える部分」から着手するほうがイメージが湧きやすくてお勧めです。

テーブルを作成する際にはまず、設計済みの画面や帳票から「データの表示／入力を行う項目」を拾い出します。そこから重複するものを除外する、関連する情報をまとめるなどして、テーブルを組み立てていきます。

また、各項目がどのような種類の情報を扱うものなのかを見極め、項目ごとにデータ型や桁数等も決めていきます。さらに、「画面や帳票には現れないが、データを管理する上で必要になる情報」がある場合は、それらも項目として洗い出します。

テーブルはアプリケーション全体で1つだけになる場合もありますし、複数のテーブルを使用することになるケースもあります。

洗い出した情報を整理してテーブルを設計していく作業は、慣れるまではやや難しく感じられるかもしれません。開発経験を重ねていくうちに次第にコツがつかめてくるはずですが、きちんと理論から学びたいという方は、「データモデリング」というキーワードでWebサイトや書籍を探してみてください。

COLUMN

例題：テーブルを設計する

受注管理アプリケーションで使用するテーブルを設計してみましょう。ここまでに設計した画面、帳票から必要な項目を洗い出し、データ型や桁数を決めた上で、テーブルとしてまとめてみてください。
なお、このChapterの例題で考えてきた受注管理アプリケーションは、Chapter 7で実際に作成します。そちらも併せてご覧ください。

アプリケーションを作成する

　画面、帳票、テーブルの設計が完了したら、いよいよアプリケーションの作成にとりかかりましょう。

　アプリケーション作成の順序に厳密なルールはありませんが、一般的には右図のような流れで作業を行うとスムーズに開発を進められます。

　なお、アプリケーション作成の具体的な流れについては、本書のChapter 5以降で、実際にアプリケーションを作りながら説明していきます。

❶ テーブルを作成する
　↓
❷ 登録／更新系画面を作成する
　↓
❸ 検索／一覧系画面を作成する

アプリケーションの作成フロー

動作を確認する

　アプリケーションが完成したら、実際に動かして動作を確認します。システム開発の世界では、この作業を「テスト」と呼びます。

　アプリケーションが設計どおりに動いているか、おかしな動きをするところはないかをチェックし、開発当初に定義した目的にかなった作りになっているかを確認します。

　本格的なシステム開発の現場では、テスト仕様書というものを作成し、これを用いてテストを行いますが、社内で使用する小〜中規模なアプリケーションであれば、まずはアプリケーションを動かしてチェックするだけでもよいでしょう。次項で解説するようなポイントを重点的に確認するようにします。

　動作を確認するときは次ページに示すようなをチェックしてください。

<動作確認のチェックポイント>
- 画面項目は過不足なく配置されているか
- レイアウトは崩れていないか
- データの登録や更新は想定どおり行われるか
- 補助機能は設計したとおり動作するか
- 帳票（レポート）は想定どおりの内容で出力されるか

　動作確認の結果、想定どおりの動きをしないところがあれば、原因を調べて修正します。
　ちなみにアプリケーションの不具合（欠陥）をバグと呼び、バグを探して修正する作業をデバッグと呼びます。デバッグが完了したら、修正した箇所が正しく動作するかどうかを再び確認します。
　こうして「動作確認」→「修正」→「動作確認」という作業を繰り返し、アプリケーションの完成度を高めていきます。

第三者による動作確認を行う

　アプリケーションの動作確認は、開発を担当した人とは別の人に実施してもらうようにすると、バグの検出率が上がります（人間誰しも自分の間違いには気づきにくいものです）。可能ならアプリケーションを利用する立場の人に、実際の業務での利用を想定とした確認をしてもらいましょう。そうすることで、バグはもちろん、「設計の時点で考慮から漏れていたこと」「設計のとおりだが使いづらい点」などが明らかになる場合もあります。
　せっかく完成させたアプリケーションの不具合を他人から指摘されるのは楽しいことではありませんが、ぶっつけ本番で実運用を開始し、現場で問題が発覚すると、業務の遂行を妨げてしまうことにもなりかねません。
　第三者に動作確認を依頼する際には、アプリケーションの操作方法、特に確認してもらいたいポイントなどをまとめた手順書を作成して渡すようにすると確認作業の効果が高まります。

〈受注管理アプリケーション動作確認手順書〉

■受注情報の登録／変更／参照画面
1. アプリケーションを起動する
2. 受注情報の登録／変更／参照画面を開く
   →画面が正しく開くか？
   →受注管理のために必要な情報が揃っているか？
3. 必要な情報を入力して［登録］ボタンクリックする
   →「登録しました」というダイアログが表示されるか？

動作確認手順

アプリケーションの運用を開始する

バグを一通り修正し終えたら、いよいよアプリケーションの利用を開始します。

この際、開発した人とは別の人がアプリケーションを利用する場合は、運用マニュアルのようなものを作成して提供するとよいでしょう。

運用マニュアルには次のような内容を盛り込みます。

画面構成の説明

画面キャプチャをもとに作成して、画面各部の項目の名称、機能概要等を記載します。

操作手順

アプリケーションを使用して、業務処理を行う手順を記載します。

トラブルシューティング

アプリケーションを使用する上で発生しそうなトラブルと、その対処法をまとめます。

あらかじめトラブルシューティングを提供しておくと、利用者からの問い合わせの回数を減らすことができます。

03 運用開始後にバグが発見された場合の対応

ここではデータベースを作成したあと、運用時にバグが発見された場合の対処方法について解説します。

　どんなに念入りに動作確認を行っても、アプリケーションにバグが残ることはあります。というより、バグがまったく残らないことのほうが稀であると言っても過言ではありません。

　利用開始後にバグが判明した場合は慌てず騒がず、まずはそのバグについての対応方針と対応時期を決定します。

　緊急度が高く、すぐに修正可能なものは即日修正、緊急度は高いが修正に時間がかかるものは数日以内に修正、修正しなくてもとりあえず業務遂行が可能なものは次回の定期メンテナンスまでに修正……というように、あらかじめガイドラインを決めておくとよいでしょう。

バグ対策ガイドライン
緊急度が高く、すぐに修正可能なものは即日修正
緊急度は高いが修正に時間がかかるものは数日以内に修正
修正しなくてもとりあえず業務遂行が可能なものは次回の定期メンテナンスまでに修正
……
……
……

バグへの対応ガイドライン

Chapter 4

顧客住所録システムを作る

Chapter 3ではリレーショナルデータベースやAccessの基礎知識を学び、その基本的な操作方法を解説しました。このChapterではAccessを使ったデータベースアプリケーション開発を実際に体験するため、シンプルなアプリケーションを作成します。

01 顧客住所録システムの概要

このChapterで作成する顧客住所録システムの概要を説明します。

顧客住所録システムを開発する

このChapterでは、Accessを使ってシンプルな顧客住所録システムを作成します。

インターネットと電子メール、スマホアプリなどの普及により、顧客宛てに紙のDM（ダイレクトメール）を送る場面は徐々に減ってきていますが、年末年始の挨拶、オフィス移転の連絡などは、今でもはがきに印刷して送ることが多いのではないでしょうか。ここで作成する顧客住所録システムは、そんな場面での活用を想定したものです。

データベースアプリケーションには必要に応じてさまざまな機能を組み込むことができますが、顧客住所録システムには「データの登録（入力）」「ラベルの印刷」という、2つの基本的な機能を持たせてみましょう。

このChapterの主な目的は以下の2点です。

- Accessによるデータベースアプリケーション作成の流れを理解すること

- データベースアプリケーション開発に必要な基本操作を体験すること

実際のデータベースアプリケーション開発では、はじめに「機能の洗い出し」「設計」といった作業を行いますが（Chapter 3のP.045を参照）、これらの作業はChapter 5以降で改めて説明していきます。
ここでの目的はAccessによるデータベースアプリケーション開発のイメージをつかむことですから、あまり細かい点にはこだわらず、説明に沿って順に作業を進めてください。

顧客住所録システムの機能

顧客住所録システムには次のような機能を搭載します。

顧客情報入力／編集機能

顧客住所録テーブルにデータを登録するための入力用画面を作ります。Accessではテーブルを直接開いてデータを登録することもできますが、入力用の画面を作成することで、コンピュータ操作に不慣れな人にも使いやすいシステムにできます。

この画面はフォームを使って作成します。

顧客情報入力画面

フォームによる入力

宛名印刷機能

顧客住所録テーブルに登録したデータをもとに、顧客へ送付するはがきに宛名を出力する機能です。Accessに標準で備わっているレポートウィザードというツールを使って、とても簡単に宛名印刷機能を作成できます。

レポートウィザード

顧客住所録システムの全体像

顧客住所録システムの全体像は次の図のとおりです。

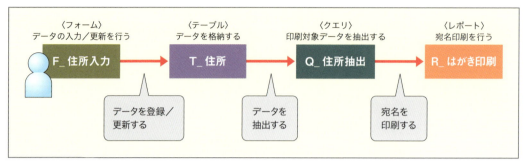

顧客住所録システムの全体像

顧客住所録システムの作成手順

顧客住所録システムは次の手順で作成します。

顧客住所録システムの作成手順

02 住所録テーブルを作成する

住所録テーブルを作成し、レコードを入力してみます。テーブルの基本的な作成方法とレコード間の移動、レコードの入力／更新／削除の方法を学びましょう。

住所録テーブル

作業の流れ

1. 住所録テーブルを作成する
2. テーブルにレコードを入力する
3. レコードを編集する
4. レコードを削除する

1 住所録テーブルを作成する

　はじめに、住所録テーブルを作成します。データベースアプリケーションは、データを入れておくための「入れ物」、データを操作するための「操作画面」、およびそれに付随する機能を組み合わせて作成します。

　Accessでデータベースアプリケーションを作成する場合、データを入れておくための「入れ物」としてテーブルを使い、操作画面はフォームを使って作成します。

　これから作成する住所録テーブルは、顧客住所録システムが管理するデータを入れておくための「入れ物」になります。テーブル作成初体験ということで、もっとも簡単な方法を使って作成してみましょう。

❶ 画面左下をクリックする

Chapter 4 顧客住所録システムを作る

❷ 「Access 2016」をクリックする

> **MEMO Windows 7の場合**
> ［すべてのプログラム］→［Microsoft Office］→［Microsoft Access 2016］の順にクリックして、Accessを起動します。

> **MEMO Windows 8の場合**
> 画面の右下または右上をクリックして、一覧から「Access 2016」を選択してください。

> **MEMO Windows 8.1の場合**
> 画面左下をクリックして［スタート］ボタンを表示してクリックし、一覧から「Access 2016」を選択してください。

❸ Accessが起動すると、データベースの新規作成画面が開く。この画面から、さまざまなタイプのAccessデータベースを作成できる。今回は画面の左上に表示されている「空のデスクトップ データベース」を選択する

> **MEMO Access 2010の場合**
> 「空のデータベース」を選択します。

❹ ［ファイル名］に「顧客住所録」と入力する（accdbは拡張子）

❺ ［作成］ボタンをクリックする

❻ 空のデータベースを作成すると「テーブル1」という名前の新しいテーブルが自動で作成され、データシートビューで表示される。以降、このテーブルをもとに住所録テーブルを作成する

> **MEMO フォントについて**
> ここでは表示用のフォントを初期設定の「MSゴシック」から「HGP明朝E」に変更しています。フォントを変更するには、［ホーム］タブの［テキストの書式設定］グループでフォント名の右にある［▼］をクリックしてフォントを選択します。

> **MEMO ビュー（View）**
> Accessでは、作業する内容により最適な画面構成でオブジェクトを表示できるようになっています。この画面構成のことをビューと呼びます。用意されているビューは、操作対象のオブジェクトの状態によって異なります。たとえばテーブルには、レコードをExcelの表計算シートのように表示するデータシートビュー、テーブルの構造をデザインするためのデザインビューがあります。ここで紹介した方法でテーブルを作成すると、はじめはデータシートビューでテーブルが表示されます。
> ビューは［ホーム］タブの［表示］グループか、画面右下のボタンを使って自由に切り替えることができます。

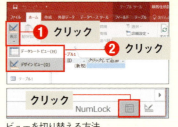

ビューを切り替える方法

❼ テーブル1には、初期状態で「ID」というフィールドが作成される。IDフィールドは、レコードに一意な連番を振るために使われるフィールド。このIDフィールドの隣の[クリックして追加]をクリックする

❽ [クリックして追加]をクリックすると、「テキスト」「数値」「通貨」……などのデータ型のリストが表示される。この中から「短いテキスト」[*1]を選択する

MEMO Access 2010の場合

「テキスト」を選択します。

MEMO フィールドとデータ型

Accessではテーブルの縦の列を「フィールド」と呼びます。1つのフィールドには、数値なら数値、文字なら文字、という具合に同じ種類のデータを入力します。この、フィールドに入力するデータの種類のことを「データ型」と呼びます。

❾ 「フィールド1」という部分をダブルクリックする

❿ 「氏名」と入力して[Enter]キーを押す

⓫ 同様の手順で、次の表に従って、残りのフィールドを追加する

フィールドNo	フィールド1	フィールド2	フィールド3	フィールド4	フィールド5	フィールド6	フィールド7	フィールド8	フィールド9	フィールド10	フィールド11	フィールド12
データ型	オートナンバー	短いテキスト	短いテキスト	短いテキスト	短いテキスト	短いテキスト	短いテキスト	短いテキスト	短いテキスト	短いテキスト	長いテキスト	Yes/No
入力値	ID	氏名	敬称	郵便番号	都道府県	市区町村	町・番地	ビル名	会社名	部門名	備考	選択

住所録テーブルのフィールド設計

MEMO バージョンによる「テキスト型」の違い

Accessでは文字列を「テキスト」というデータ型で扱います。Access 2016/2013では「長いテキスト」「短いテキスト」「リッチテキスト」の3種類のテキスト型から選択できますが、Access 2010では「テキスト」の1種類のみとなります。
Access 2010をお使いの方は、「長いテキスト」「短いテキスト」を「テキスト」と読み替えて作業を行ってください。

*1 Access 2010をお使いの方は「テキスト」の1種類のみとなりますので、「テキスト」を選択してください。

主キー	フィールド名	データ型	サイズ	説明
○	ID	オートナンバー	長整数型	レコードを一意に識別するID番号。 テーブル1が作成された時点で、自動的に追加される
	氏名	短いテキスト	16	氏名を格納する
	敬称	短いテキスト	5	ラベル出力時の敬称を格納する
	郵便番号	短いテキスト	8	郵便番号を 999-9999 形式で格納する
	都道府県	短いテキスト	4	都道府県名を格納する
	市区町村	短いテキスト	12	市区町村名を格納する
	町・番地	短いテキスト	16	町・番地名を格納する
	ビル名	短いテキスト	16	ビル名を格納する
	会社名	短いテキスト	25	会社名を格納する
	部門名	短いテキスト	25	部門名を格納する
	備考	長いテキスト	—	備考を格納する
	選択	Yes/No	—	ラベル出力をするかしないかを指定する

住所録テーブルの設定

✓POINT　フィールドのデータ型の修正

フィールドのデータ型を間違えて指定してしまった場合は、次の手順で修正できます。

❶ データ型を修正したいフィールドをクリック
❷ ［フィールド］タブをクリック
❸ ［データ型］で正しいデータ型を選択

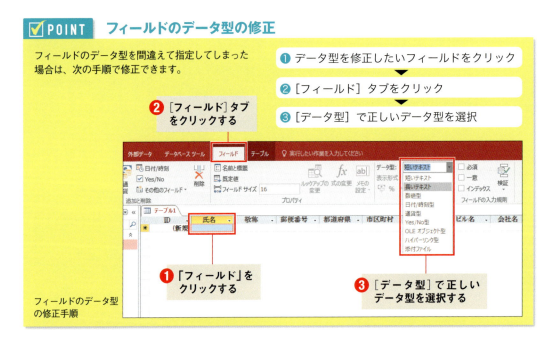

フィールドのデータ型の修正手順

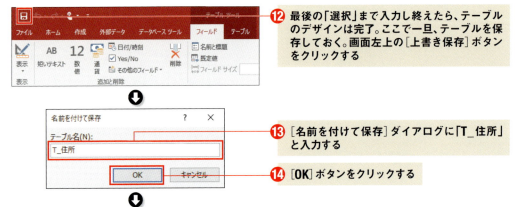

⓬ 最後の「選択」まで入力し終えたら、テーブルのデザインは完了。ここで一旦、テーブルを保存しておく。画面左上の［上書き保存］ボタンをクリックする

⓭ ［名前を付けて保存］ダイアログに「T_住所」と入力する

⓮ ［OK］ボタンをクリックする

⑮ 画面左側の「テーブル」の下に表示されていた「テーブル1」が「T_住所」に変わる

✅POINT　テーブルとフィールドの名前

テーブルやフィールドの名前は自由に付けることができます。「住所」や「氏名」のように日本語で付けてもよいですし、「ADDRESS」「NAME」のように英語にしても構いません。名前の付け方に厳密なルールはありませんが、気まぐれに名前を付けていくとあとあとわかりづらくなりますので、あらかじめルールを決めて統一しておくとよいでしょう。
ただし、Access 2010では、フィールド名に2バイト文字（ひらがなや漢字など、全角の文字）が含まれていると、このあとの作業で「フォームウィザード」を使用する際にエラーが発生する場合があります。
Access 2010を使用する場合は、フィールド名を半角の別の名前に置き換えて作業してください。

2 テーブルにレコードを入力する

これで住所録テーブルが完成しました。続いて住所録テーブルにレコードを入力してみましょう。
Accessではテーブルをデータシートビューで表示して、Excelなどの表計算ソフトと同じような感覚でレコードの登録／編集／削除を行うことができます。

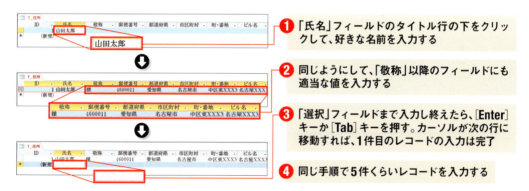

❶「氏名」フィールドのタイトル行の下をクリックして、好きな名前を入力する

❷ 同じようにして、「敬称」以降のフィールドにも適当な値を入力する

❸「選択」フィールドまで入力し終えたら、[Enter]キーか[Tab]キーを押す。カーソルが次の行に移動すれば、1件目のレコードの入力は完了

❹ 同じ手順で5件くらいレコードを入力する

MEMO　オートナンバー型

自動で作成されるIDフィールドは、テーブルに登録されるレコードの値を一意に識別するためのフィールドです。IDフィールドは「オートナンバー型」というデータ型で作成されます。オートナンバー型のフィールドには、レコードが追加されるたびに、1からはじまる連番が自動的にセットされます。
このため、オートナンバー型のフィールドにはユーザーが直接値を入力できません。

オートナンバー型のフィールド（入力例）

3 レコードを編集する

入力したレコードを編集してみましょう。レコードの編集もExcelのシート上でデータを変更する場合と同じような感覚で行えますが、Accessでは、フィールドごとに決められたデータ型の値しか入力できないという制約があります。

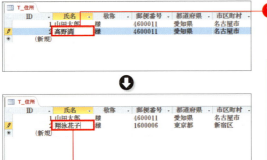

❶ レコードを編集するには、編集したい箇所をマウスでクリックして直接値を変更する

⚠ CAUTION ⚠ フィールドとデータ型

フィールドには定められたデータ型の値のみ入力可能で、日付型のフィールドに大きな数字を入れたり、数値型のフィールドに「abc」のような文字を入れたりすることはできません。
テキスト型のフィールドには数字や日付文字列を入力できますが、入力された値は「数字を並べた文字列」「日付のように見える文字列」として保存されます（下のCOLUMNも参照）。

❷ 任意の行を選択して、フィールドの値を変更する。値を変更したらマウスで別の行をクリックするか、キーボードの[↑][↓]キーを押してレコードを移動する

✓ POINT レコードの保存

Accessでは、現在選択されているレコードから別のレコードに移動したタイミングでレコードの保存が行われます。［保存］ボタンをクリックしたり［Ctrl］+［S］キーを押したりしても変更は保存されませんので、注意してください。

COLUMN

数字と数値

Access上では「数値」と「テキスト」が異なるデータとして管理されます。数値というのは、文字どおり「数」として扱われるデータで、テキストは文字列です。
同じ「100」という数字の並びでも、数値型のフィールドに入力された場合は「数としての100」となり、テキスト型のフィールドに入力された場合は「文字列としての100」になります。
数値型の値は足し算、引き算などの計算にそのまま使うことができますが、テキスト型の「数字」はそのままでは計算には使えません。

4 レコードを削除する

続いて、データベースに登録したレコードを削除してみましょう。レコードは次の順序で削除します。

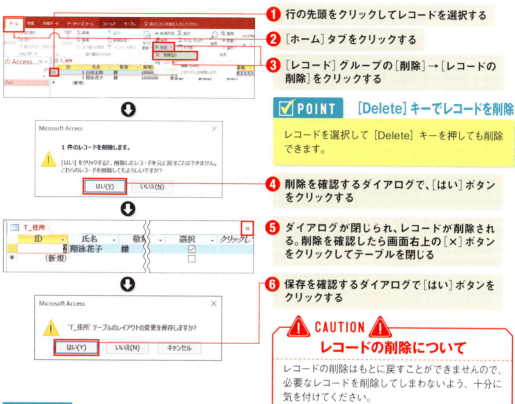

❶ 行の先頭をクリックしてレコードを選択する

❷ [ホーム]タブをクリックする

❸ [レコード]グループの[削除]→[レコードの削除]をクリックする

✓POINT [Delete]キーでレコードを削除
レコードを選択して[Delete]キーを押しても削除できます。

❹ 削除を確認するダイアログで、[はい]ボタンをクリックする

❺ ダイアログが閉じられ、レコードが削除される。削除を確認したら画面右上の[×]ボタンをクリックしてテーブルを閉じる

❻ 保存を確認するダイアログで[はい]ボタンをクリックする

⚠ CAUTION ⚠ レコードの削除について
レコードの削除はもとに戻すことができませんので、必要なレコードを削除してしまわないよう、十分に気を付けてください。

✓POINT レコードを選択する

行頭のレコードセレクタをクリックしてドラッグすると、複数のレコードを一度に選択することができます。また、データシートビューの左上の[□]をクリックすると、テーブルに登録されているすべてのレコードを選択することも可能です。
複数、あるいはすべてのレコードを選択した状態で削除を行うと、選択されているレコードが一括削除されます。

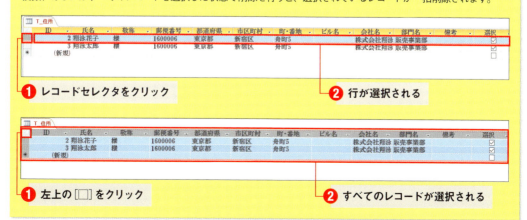

❶ レコードセレクタをクリック
❷ 行が選択される

❶ 左上の[□]をクリック
❷ すべてのレコードが選択される

Chapter 4 顧客住所録システムを作る

03 顧客情報入力画面を作成する

顧客情報入力画面を作成し、フォームの簡単な作成方法、フォームを使ったレコードの基本的な操作方法を学びます。

顧客情報入力画面

作業の流れ
1. 顧客情報入力画面を作成する
2. フォームからデータを入力する
3. データを確認する

1 顧客情報入力画面を作成する

　ここまでで住所録テーブルが完成し、テーブルにデータが入力できました。続いて、顧客住所録システムの機能の1つである「顧客情報入力画面」を作成しましょう。

　顧客情報入力画面は、住所録テーブルにデータを入力するための入力画面です。顧客情報入力フォームはAccessのフォームというオブジェクトを使って作成します。今回はフォームの自動作成機能を使って顧客情報入力画面を作成してみましょう。

　以下の手順に従って作業を進めてください。

❶ ナビゲーションウィンドウの［テーブル］セクションで「T_住所」を選択する
❷［作成］タブをクリックする
❸［フォーム］をクリックする

064

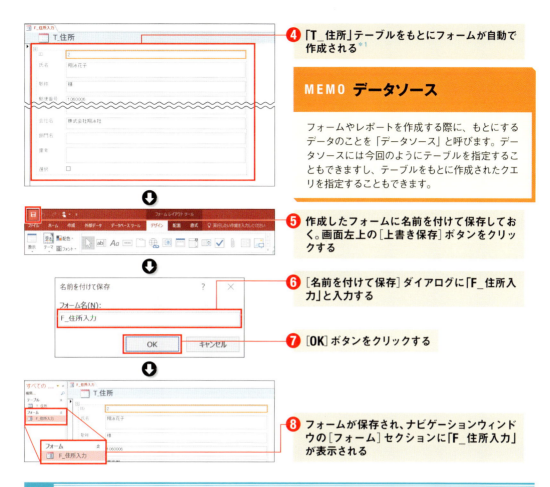

2 フォームからデータを入力する

顧客情報入力フォームが完成したら、フォームからデータを入力してみましょう。作成直後のフォームは「レイアウトビュー」で表示されています。レイアウトビューではデータの入力や編集が行えないため、「フォームビュー」に切り替えます。

---

*1 フォームを作成した直後に、入力欄が縦2列（ラベルを合わせると4列）に表示される場合があります。縦1列のレイアウトに変更する場合は、P.100の「+α レイアウトを変える」を参考にしてください。

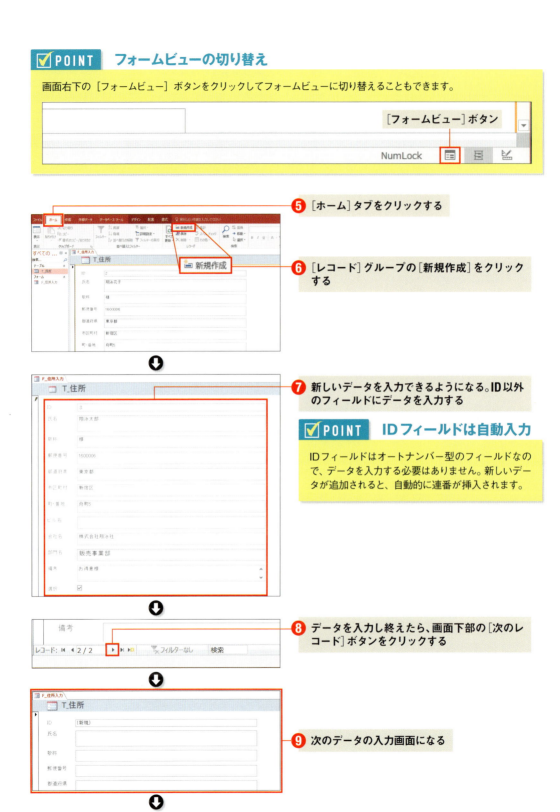

MEMO レコードの移動

最後の項目（この場合は「選択」フィールド）を選択した状態で［Tab］キーを押しても、次のレコードに移動できます。また、画面下のレコード移動バーを使うとレコード間を前後に移動できます。

レコード移動バーの構造

3 データを確認する

データを入力し終えたら、テーブルを開いて先ほど入力したデータが登録されていることを確認しましょう。

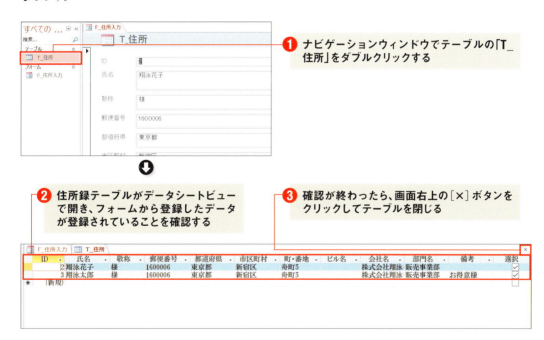

❶ ナビゲーションウィンドウでテーブルの「T_住所」をダブルクリックする

❷ 住所録テーブルがデータシートビューで開き、フォームから登録したデータが登録されていることを確認する

❸ 確認が終わったら、画面右上の［×］ボタンをクリックしてテーブルを閉じる

04 宛名印刷機能を作成する

宛名印刷機能を作成し、Accessによるレポート（帳票）の作成方法を学びます。

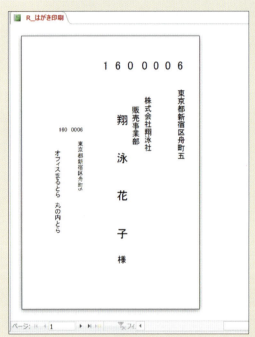

作業の流れ
1. クエリを作成する
2. クエリを実行する
3. 必要な住所だけを宛名印刷する
4. レポートを作成する
5. 印刷を行う

宛名印刷機能

データソースとなるクエリを作成する

　フォームやレポートを作成する際にもととなるデータのことをデータソースと呼びます。Accessではテーブルやクエリなどをデータソースに指定して、フォームやレポートを作成できます。

　先ほど作成した顧客情報入力画面では住所録テーブルをデータソースとして指定しましたが、今回は「必要な顧客にだけ宛名を送る」という仕組みにするため、クエリを作成し、これをデータソースに指定してレポートを作成します。

> **MEMO クエリの種類**
>
> Accessのクエリには、大きく分けて選択クエリ、アクションクエリ、その他のクエリの3種類がありますが、ここで作成するのは選択クエリです。選択クエリはもっとも基本的なクエリで、指定したテーブルから必要なフィールドを取り出すことや、必要に応じて値を加工して表示することができます。

1 クエリを作成する

それでは、宛名印刷機能に使用するクエリを作成しましょう。このクエリでは住所録に登録されているレコードの中から、「選択」にチェックが入っているものだけを抽出します。

❶ [作成]タブをクリックする

❷ [クエリ]グループにある[クエリウィザード]をクリックする

❸ [新しいクエリ]ダイアログが表示されたら、[選択クエリウィザード]を選択する

❹ [OK]ボタンをクリックする

❺ [テーブル/クエリ]で「テーブル：T_住所」が選択されていることを確認する

❻ [選択可能なフィールド]で「氏名」を選択する

❼ [＞]ボタンをクリックする

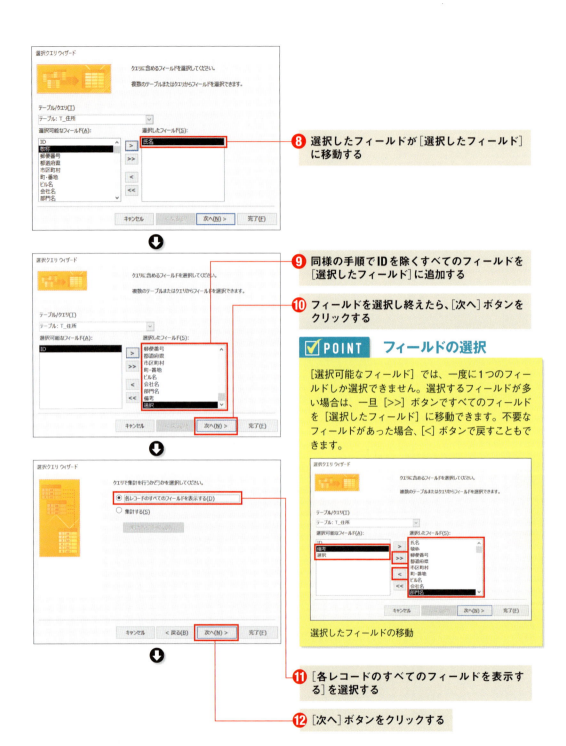

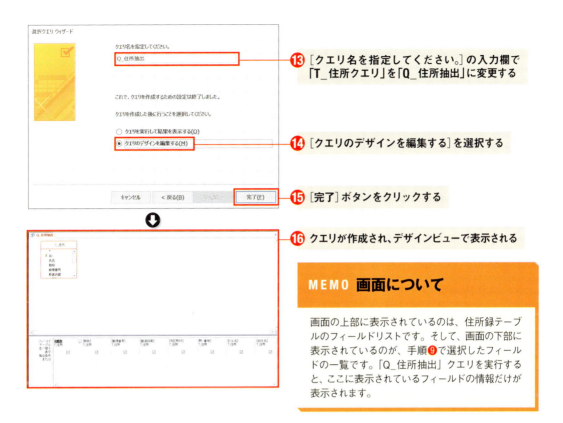

⓭ [クエリ名を指定してください。]の入力欄で「T_住所クエリ」を「Q_住所抽出」に変更する

⓮ [クエリのデザインを編集する]を選択する

⓯ [完了]ボタンをクリックする

⓰ クエリが作成され、デザインビューで表示される

MEMO 画面について

画面の上部に表示されているのは、住所録テーブルのフィールドリストです。そして、画面の下部に表示されているのが、手順❾で選択したフィールドの一覧です。「Q_住所抽出」クエリを実行すると、ここに表示されているフィールドの情報だけが表示されます。

2 クエリを実行する

これでクエリは完成です。作成したクエリを実際に実行してみましょう。

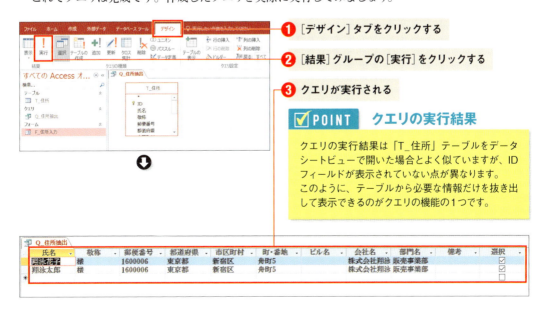

❶ [デザイン]タブをクリックする

❷ [結果]グループの[実行]をクリックする

❸ クエリが実行される

✓POINT クエリの実行結果

クエリの実行結果は「T_住所」テーブルをデータシートビューで開いた場合とよく似ていますが、IDフィールドが表示されていない点が異なります。このように、テーブルから必要な情報だけを抜き出して表示できるのがクエリの機能の1つです。

04 宛名印刷機能を作成する

3 必要な住所だけを宛名印刷する

続いて、「選択」にチェックを入れた住所だけを宛名印刷する機能を追加します。はじめに、「選択」にチェックを入れたレコードだけを抽出するクエリを作成しましょう。

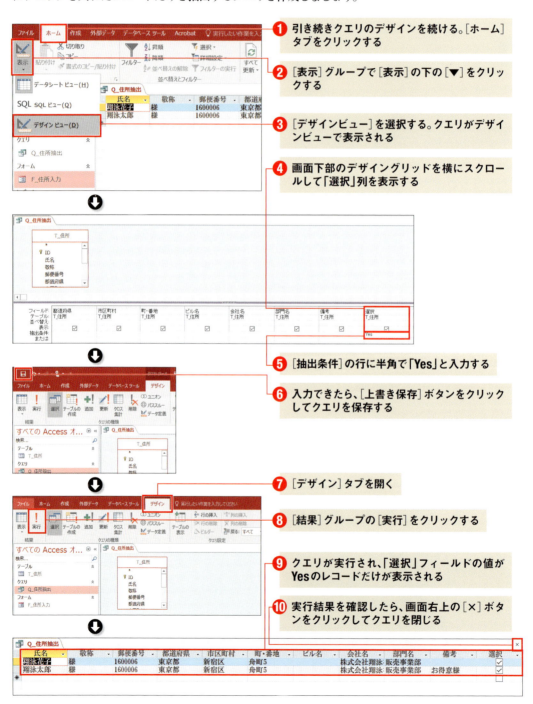

① 引き続きクエリのデザインを続ける。[ホーム]タブをクリックする

② [表示]グループで[表示]の下の[▼]をクリックする

③ [デザインビュー]を選択する。クエリがデザインビューで表示される

④ 画面下部のデザイングリッドを横にスクロールして「選択」列を表示する

⑤ [抽出条件]の行に半角で「Yes」と入力する

⑥ 入力できたら、[上書き保存]ボタンをクリックしてクエリを保存する

⑦ [デザイン]タブを開く

⑧ [結果]グループの[実行]をクリックする

⑨ クエリが実行され、「選択」フィールドの値がYesのレコードだけが表示される

⑩ 実行結果を確認したら、画面右上の[×]ボタンをクリックしてクエリを閉じる

✅POINT　クエリの抽出条件

「選択」フィールドのデータ型はYes/No型となっているので、クエリの抽出条件にYesと指定することで、フィールドの値がYesのレコードだけを抽出することができます。チェックが入っている状態がYes、入っていない状態がNoを表します。

4　レポートを作成する

クエリを作成し終えたら、いよいよ宛名を印刷するための機能を作成しましょう。宛名を印刷するための機能はレポートを使って作成します。

Accessのレポートは、テーブルに登録されたレコードやクエリが抽出したデータをもとに帳票やラベルなどを印刷するためのデータベースオブジェクトです。

ここでは「はがきウィザード」という機能を使って、宛名を印刷するためのレポートを作成してみましょう。はがきウィザードは、テーブルに登録されたデータやクエリで抽出されるデータをはがきの宛名に差し込んで印刷するためのレポートを作成する機能です。ウィザードの指示に従って設定を行うことで、簡単に宛名印刷レポートを作成できます。

MEMO　ウィザードとは

ウィザードは、本来複雑な操作が必要な処理を簡単に実行できるようにするための機能です。ウィザードを使うと、対話形式の質問に答えながら、ステップバイステップで処理を行うことができます。Accessには、はがきウィザードのほか、宛名ラベルウィザード、クエリウィザード、フォームウィザードなどのウィザードが用意されています。
なお、ウィザードを使用せず、好みのデザインやレイアウトでオリジナルの帳票を作成して印刷することも可能です。この方法についてはChapter 7で解説します。

❶ [作成]タブをクリックする

❷ [レポート]グループの中の[はがきウィザード]をクリックする

❸ はがきウィザードの画面が表示されたら、[はがきのテンプレート]で「普通はがき」を選択する

❹ [文字の向き]で[縦書き]を選択する

❺ [次へ]ボタンをクリックする

✅POINT　はがきのレイアウト

[はがきのテンプレート]や[文字の向き]は、好みに応じて好きなものを選択してください。ここでは普通はがきに縦書きで住所を印刷するという前提で進めます。

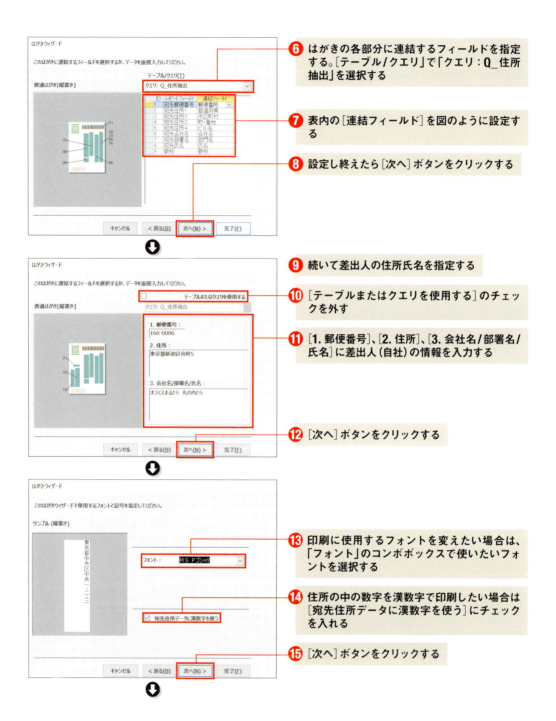

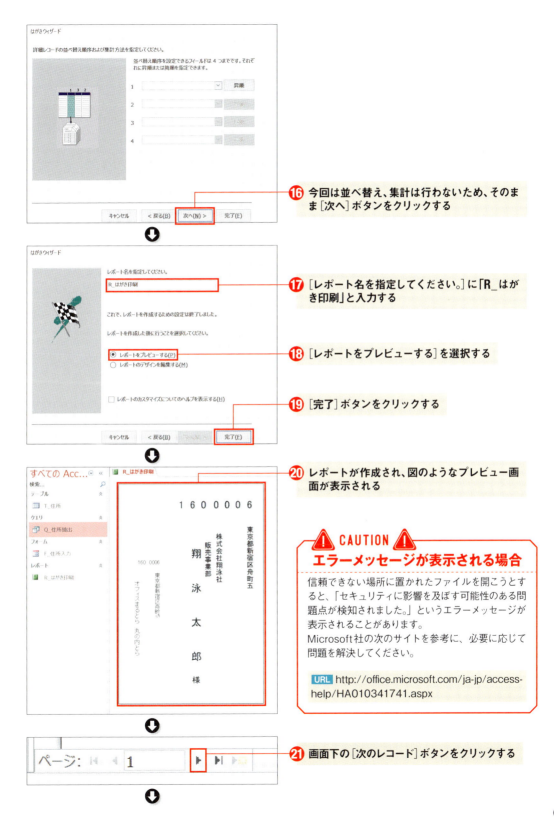

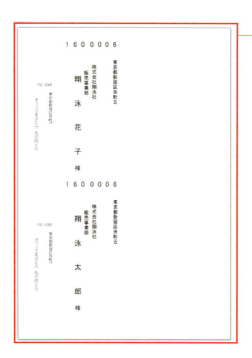

㉒「Q_住所抽出」で抽出された印刷対象レコード全件を対象としてレポートが作成されている

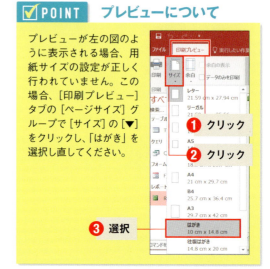

✓POINT プレビューについて

プレビューが左の図のように表示される場合、用紙サイズの設定が正しく行われていません。この場合、[印刷プレビュー]タブの[ページサイズ]グループで[サイズ]の[▼]をクリックし、「はがき」を選択し直してください。

❶ クリック
❷ クリック
❸ 選択

5 印刷を行う

これでレポートが完成しました。プリンタが接続されている場合は、試しに印刷を行ってみましょう。

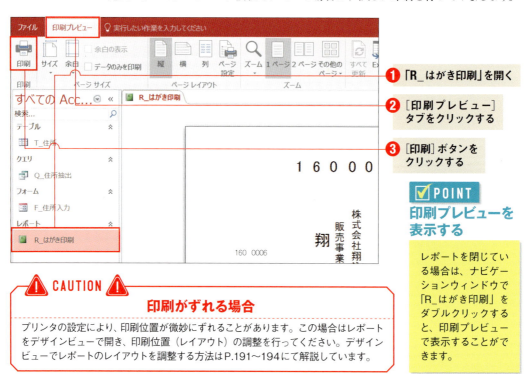

❶ 「R_はがき印刷」を開く
❷ [印刷プレビュー]タブをクリックする
❸ [印刷]ボタンをクリックする

✓POINT 印刷プレビューを表示する

レポートを閉じている場合は、ナビゲーションウィンドウで「R_はがき印刷」をダブルクリックすると、印刷プレビューで表示することができます。

⚠ CAUTION ⚠

印刷がずれる場合

プリンタの設定により、印刷位置が微妙にずれることがあります。この場合はレポートをデザインビューで開き、印刷位置（レイアウト）の調整を行ってください。デザインビューでレポートのレイアウトを調整する方法はP.191〜194にて解説しています。

05 顧客住所録システムを使用する

前節までで顧客住所録システムが完成しました。動作確認を兼ねて、完成したシステムを実際に使用してみましょう。

1 住所情報を新規登録する

① 顧客情報入力画面(F_住所入力)を開く

② [レコード移動]ボタンから[新しい(空の)レコード]ボタンをクリックする

③ フィールドにデータを入力する

④ 最後のフィールドまで入力したら、[Tab]キーを押すか、[レコード移動]ボタンをクリックして入力内容を確定する

077

2 住所情報を編集する

❶ [レコード移動]ボタンを使って変更したいレコードを表示する

❷ フィールドのデータを変更する

❸ 最後のフィールドでまで入力したら、[Tab]キーを押すか、[レコード移動]ボタンをクリックして入力内容を確定する

3 住所情報を削除する

❶ [レコード移動]ボタンを使って削除したいレコードを表示する

❷ レコードセレクタをクリックしてレコードを選択する

❸ [Delete]キーを押し、ダイアログで[はい]ボタンをクリックする

4 フォームを閉じる

① フォーム右上の[×]ボタンをクリックしてフォームを閉じる

5 はがきに印刷する

① 宛名印刷レポート(R_はがき印刷)を開く

② [レコード移動]ボタンを使って印刷したい住所へ移動する

③ [印刷プレビュー]タブの[印刷]グループにある[印刷]ボタンをクリックする

④ [印刷]ダイアログでプリンタ名、部数などを指定して[OK]ボタンをクリックする

Chapter 5

販売管理システムを設計する／顧客管理サブシステムを作る

Chapter 5〜9を通して、シンプルな販売管理システムを開発してみましょう。
Chapter 5では、まず開発する販売管理システムの全体像を把握した上で、サブシステムの1つである顧客管理システムを作成します。

01 販売管理システムを作成する前に……

Chapter 5〜9で開発する販売管理システムについて解説します。
開発に着手するための準備を行いましょう。

販売管理システムを開発する

　本書の後半では、Chapter 2〜4で学んだ知識をベースに、少しまとまったデータベースシステムを作成してみましょう。題材として取り上げるのはシンプルな販売管理システムです。
　Chapter 5〜9で販売管理に必要な基本的な機能を作成し、Chapter 10でカスタマイズの方法を学習します。Accessを用いたシステム開発の方法を学び、作成したシステムをカスタマイズする方法を学ぶことにより、自社に合ったシステムを作成するための基礎力を身に付けていただければと思います。

販売管理システムとは

　はじめに「販売管理システム」とは何かについておさらいをしておきましょう。
　世の中には多種多様なビジネスが存在しますが、そのほとんどは商品やサービスを販売して収益を得ています。
　販売管理システムは、こうした販売活動を行う上で生じるさまざまな情報を管理するためのシステムです。
　販売管理システムは、製造業からサービス業までおよそすべての企業で必要なものでありながら、ビジネスの形によって管理すべき情報が異なることから、システムとしての汎用化が比較的難しい分野でもあります。このため市販の汎用的な販売管理システムが自社の業務の形にぴったりマッチせず、頭を悩ませている事業主の方も少なからずいるのではないでしょうか。
　販売管理のためのシステムを自前で構築できれば、そうした悩みを解決し、自社のビジネスの形に合ったデータ販売管理を行う基盤を作ることができます。

販売管理システムの対象範囲

　販売管理システムは、商品やサービスの販売に関する情報を取り扱います。たとえば小売業なら、商品の注文を受け、商品を出荷／納品し、代金を回収するところまでが販売管理システムの対象領域となるでしょう。商品の仕入れや、在庫の管理までを販売管理システムの対象とする場合もありますし、

企業を顧客とする業種では見積もり管理を販売管理システムに含めることもあります。

本書では小売業向けは基本的な顧客管理、商品管理、受注管理を題材として取り上げ、小さな会社のための販売管理システムを開発します。

販売管理システム

開発に着手する前に

　これから実際に販売管理システムを開発していきますが、すでに述べたように、販売管理業務はビジネスの形により異なる部分が多く、すべての読者の方の状況に合った汎用的な販売管理システムの構造を紹介するのは困難です。

　そこで本書では、次のような仮想の企業をモデルとして話を進めていくことにします。

　「うちの会社のビジネスの形はここに示されているモデル企業とは異なる」という読者の方もいるかと思いますが、まずはモデル企業の担当者になりきって、開発作業を体験してみてください。

　本書の目的は「そのまま使える販売管理システムを提供すること」ではなく、読者の方に、自社に合ったデータベースシステムを作るための基礎体力を付けていただくことにあります。そのためには、データベースシステムの開発がどのような流れで進むのか、その流れの中で、いつ、どのような作業を

行うのか……といった全体像を把握することが重要です。

　ですから、まずは本書の説明に沿って、開発作業をひととおり体験してみてください。その際、ただ説明のとおりに手を動かすのではなく、「今は開発中のどのあたりの作業をやっているのか」ということを意識しつつ作業を行うよう心がけましょう。

　データベースシステム開発のおおまかな流れを把握し、個々の作業をこなすための基本的なテクニックが身に付けば、自社のビジネスの形に合ったシステムを自分で構築できるようになる日も遠くはありません。

●モデル企業：有限会社 大辛商会

創業30年、従業員15名の会社。唐辛子を原料とした香辛料の製造／卸売をメインにビジネスを展開してきたが、最近になってネット通販を利用して小売業へも手を伸ばしはじめた。
スモールスタートではじめたネット通販だったが、担当者の努力により順調に売上が伸び、顧客数や注文数も増加傾向にある。現在はASPのカートシステム付属の管理機能やExcel等を利用して顧客情報や注文情報などを管理しているが、次第にそれでは手にあまるようになってきた。
しかし、社内で利用されているシステムは卸売業向きの作りになっているため、小売業で発生するデータをそのまま管理するのは難しい。市販のソフトウェアは帯に短し襷に長しで自社のニーズにぴったりフィットするものが見つからないし、オーダーメイドでシステム開発を依頼するほどの予算はとれそうにない。
あれこれ検討した結果、「手軽に扱えるAccessを使って、ネット通販業務専用の販売管理システムを作成してみてはどうか」という話になった。

　あなたはこの有限会社 大辛商会の情報システム担当者です。今回の自社システムの開発にあたり、社内で一番システムやソフトウェアに詳しいあなたにこの仕事が回ってきた……という想定で、この先を読み進めてみてください。

　それでは、Chapter 4で解説したデータベースアプリケーション開発の流れに沿って、販売管理システムの開発を進めていきましょう。

システムを開発する目的を明らかにする

　開発に着手する前に、今回のシステム開発の目的を明らかにしておきます。

　大辛商会では、新しくはじめたネット通販事業から発生するさまざまなデータを管理するためのシステムを開発したいと考えています。これがおおもとの「目的」ですが、これだけでは必要な機能を洗い出すにはやや漠然としすぎています。このような場合は、実際にシステムを利用するユーザーにヒアリングを行って、目的をより具体的にブレイクダウンするとよいでしょう。

　ヒアリングの際のポイントは、「今、業務を行う上で何が問題になっているのか」を把握し、「その問題の原因は何か」をつきとめることです。その上で、「どうなればその問題が解決したと言えるのか」を導き出し、これを目的として定義します。

　1人で事業を営む自営業の方であれば、自分自身が業務を遂行する上で問題だと感じていることを改めてリストアップし、そこから目的を導き出すということになるでしょう。

　今回はネット通販担当者へのヒアリングを行い、次のように具体化した目的を定義しました。

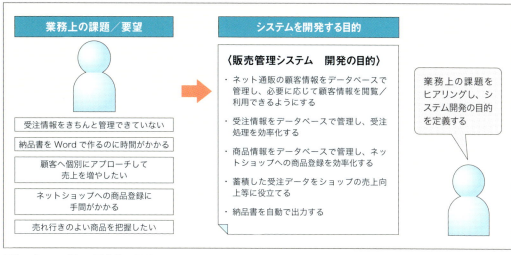

目的のブレイクダウン（具体的に図示）

必要な機能を洗い出す

　目的を洗い出したら、次は目的を果たすために必要な機能を洗い出します。まず、「目的を明らかにする」で説明したキーワードから、今回のシステムでは大きく分けて右の3つの情報を管理する必要があることが予想できます。

　そこで、開発するシステムでは、これらの3つの情報を管理するための機能を開発することにします。今回はこれらの情報を次のように緩く独立した3つの機能として定義し、組み合わせて大辛商会の「販売管理システム」を構成します。

　顧客管理機能、商品管理機能、受注情報管理機能の3つの機能は、「販売管理システムに属する下位のシステム」ということで、「サブシステム」と呼ぶことにします。

　これで販売機能に必要な機能のアウトラインが決まりましたが、これだけではやや大雑把すぎて、実際にシステムを作りはじめるのは困難です。そこで、それぞれの機能にどのような仕組みを持たせたいかをブレイクダウンして考えていきます。

　これについては、次項以降で順を追って具体的に説明します。

顧客情報
商品情報
受注情報

3つの情報

MEMO サブシステム

いくつかのシステムを組み合わせて1つのシステムを構成しているとき、構成要素となる下位のシステムをサブシステムと呼びます。

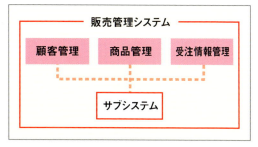

作成するシステム

Chapter 5 販売管理システムを設計する / 顧客管理サブシステムを作る

02 顧客管理サブシステムに必要な要件を洗い出す

ここでは販売管理システムの3つのサブシステムのうちの1つ、顧客管理サブシステムの開発を行います。

顧客管理サブシステムに必要な機能を洗い出す

それでは、顧客管理サブシステムの開発に着手しましょう。はじめに顧客管理サブシステムに必要な機能を具体的に洗い出します。

まず、顧客管理サブシステムを開発する目的を思い出しましょう。

> ネット通販の顧客情報をデータベースで管理し、必要に応じてスムーズに顧客の情報を閲覧／利用できるようにする

この目的から、上の右図のような機能が必要であることがわかります。

- 顧客情報を登録する
- 顧客情報を閲覧（表示）する
- 顧客情報を変更する
- 顧客情報を削除する
- 顧客情報を検索する

システムに必要となる機能

顧客登録画面

顧客一覧画面

必要な機能が洗い出せたらこれらの機能を実現するためにどんな画面が必要となるかを考え、作成する画面を決定します。

　今回は「顧客登録画面」と「顧客一覧画面」の2つの画面を作成して、それぞれに機能を割り付けることにします。画面はどちらもAccessのフォームを使って作成します。

　顧客登録画面から登録される情報は、「顧客マスタ」というテーブルに保存することにします。

　「顧客登録フォーム」を使って「顧客マスタ」に顧客情報を登録し、登録された情報を「顧客一覧フォーム」で一覧表示するという構造です。

　また、一般的な顧客管理業務では、登録された顧客の中から必要な顧客を検索し、検索した顧客の詳細情報を確認するという作業が頻繁に発生します。そこで、「顧客一覧フォーム」を使って顧客を検索し、検索した顧客の詳細情報をスムーズに表示できるような仕組みも組み込みます。

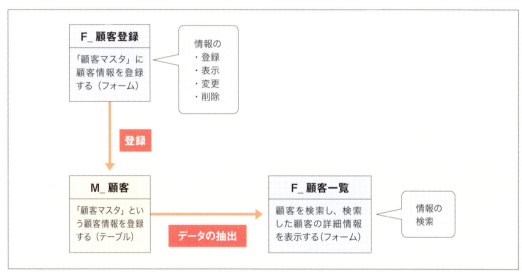

顧客管理機能の設計図

> **COLUMN**
>
> ### システム画面の洗い出し
>
> 「システムにどんな画面をいくつ持たせるか」「どの画面にどの機能を割り付けるか」といったことを決めるのは、はじめのうちは少し難しいかもしれません。
> 設計には「これこそが正解」というものはないのですが、ポイントは「使い勝手」と「開発にかかる手間」がうまくバランスするように工夫することです。
> 機能ごとに1つの画面を作れば1つ1つはシンプルでわかりやすい画面になりますが、あまり画面数が多いと開発の手間がそれだけ増えてしまいますし、画面間の移動が多く、使い勝手の悪いシステムになってしまうおそれがあります。
> 逆に、画面数を少なくすれば開発の手間は減るかもしれませんが、1つの画面にたくさんの機能を無理矢理詰め込みすぎると、複雑になり使いづらい画面になるでしょう。
> 両者のバランスをうまくとりながら、画面構成を考えていきましょう。
> なおこのあたりの感覚は、開発経験を重ねるうちに自然につかめてくるものなので、今はピンとこなくても心配いりません。

03 顧客マスタを作成する

顧客管理機能の心臓部となる顧客マスタを作成しましょう。

顧客マスタ

作業の流れ

1. データベースを作成し、顧客マスタを作成する
2. フィールドサイズを設定する
3. 定型入力を設定する（郵便番号）
4. 定型入力を設定する（生年月日、登録日）
5. ルックアップを設定する
6. ふりがなの自動入力を設定する

顧客マスタの作成

　顧客管理サブシステムのおおまかな構成が決まったら、いよいよ具体的な開発作業に着手しましょう。はじめに「顧客マスタ」を作成します。顧客マスタは顧客管理機能の心臓部となるテーブルで、顧客の基本情報や属性情報を管理するための入れ物となります。

　次に、本書で作成する顧客マスタの構成を示します。顧客マスタでは、氏名、住所、電話番号、メールアドレスといった基本的な情報のほか、性別や生年月日のような顧客の属性情報を管理します。

　また、その顧客が「お得意様」なのか「注意顧客」なのかを見分けるための顧客区分というフィールドも持たせています。

主キー	フィールド名	データ型	説明
○	顧客ID	オートナンバー型	顧客情報を一意に識別するためのIDを格納する
	氏名	短いテキスト	顧客の氏名を格納する
	氏名フリガナ	短いテキスト	顧客氏名のふりがなを格納する。入力支援機能を使って自動入力する
	郵便番号	短いテキスト	顧客の郵便番号を格納する
	都道府県	短いテキスト	顧客住所の都道府県を格納する
	市区郡	短いテキスト	顧客住所の市区郡を格納する
	町・番地	短いテキスト	顧客住所の町名、番地を格納する
	ビル・建物名	短いテキスト	顧客住所のビル名、建物名を格納する
	会社名	短いテキスト	顧客の会社名を格納する
	部門名	短いテキスト	顧客の会社の部門名を格納する
	電話番号	短いテキスト	顧客の連絡先電話番号を格納する
	FAX番号	短いテキスト	顧客のFAX番号を格納する
	メールアドレス	短いテキスト	顧客のメールアドレスを格納する
	顧客区分	短いテキスト	顧客の区分（お得意様、注意顧客など）を格納する

(続き)

主キー	フィールド名	データ型	説明
	生年月日	日付/時刻型	顧客の生年月日を格納する
	性別	短いテキスト	顧客の性別を格納する
	登録日	日付/時刻型	情報を登録した日時を格納する

基本情報の設定

✓ POINT 顧客マスタを設計する際のポイント

顧客マスタを設計する際、業務を遂行する上で必要となる情報を過不足なく管理できる構造を考えることが大切です。たとえば、電話やFAXだけで顧客から注文を受ける形のカタログ通販であれば最低限、氏名、住所、電話番号、FAX番号があれば業務が回りますが、インターネット通販の顧客情報を管理する場合はメールアドレスを管理しておかなくてはなりません。
また、誕生日にクーポン付きのグリーティングメールを送るようなマーケティングプランを立てている場合は生年月日も併せて保存しておく必要があるでしょう。
業務上どのような情報が必要になるかをよく吟味した上で顧客マスタを設計してください。

COLUMN

マスタテーブルとトランザクションテーブル[*1]

データベースシステムでは、テーブルをマスタテーブルとトランザクションテーブルという2つの種類に分類します。
マスタテーブルとは、マスタデータ、つまり業務を営んでいく上での基礎となるデータを格納するためのテーブルです。商品情報、顧客情報、従業員情報などがマスタテーブルに格納されます。
これに対して、一般には業務を営んでいくにつれて増えていく情報を格納するテーブルをトランザクションテーブルと呼びます。販売管理システムの範疇で言えば、受注情報や見積もり情報などがトランザクションテーブルに格納されます。
どのようなテーブルも業務の形に合わせて適切な構造で設計することが重要ですが、業務の基礎となるマスタテーブルは、特に慎重に設計する必要があります。
本書ではごく基本的な顧客マスタの構成を紹介していますが、実際に自社のためのシステムを作成する際には、業務の状況に合わせて適切な顧客マスタを設計するように心がけてください。

1 データベースを作成し、顧客マスタを作成する

はじめに、Chapter 5以降で開発する販売管理システム全体の「入れ物」となるデータベースを作成して、基本的な情報を設定します。

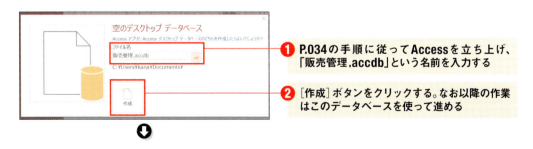

❶ P.034の手順に従ってAccessを立ち上げ、「販売管理.accdb」という名前を入力する

❷ [作成]ボタンをクリックする。なお以降の作業はこのデータベースを使って進める

[*1] マスタテーブルとトランザクションテーブルはあくまでも設計を行う上での概念的な分類です。Accessのオブジェクトとしてはどちらも同じ「テーブル」として作成します。

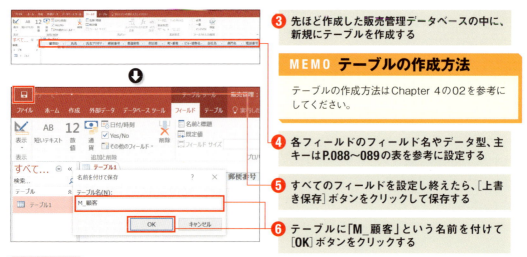

③ 先ほど作成した販売管理データベースの中に、新規にテーブルを作成する

> **MEMO テーブルの作成方法**
> テーブルの作成方法は Chapter 4 の 02 を参考にしてください。

④ 各フィールドのフィールド名やデータ型、主キーは P.088〜089 の表を参考に設定する

⑤ すべてのフィールドを設定し終えたら、[上書き保存] ボタンをクリックして保存する

⑥ テーブルに「M_顧客」という名前を付けて [OK] ボタンをクリックする

✓ POINT テーブル名の接頭辞

M_顧客の「M」はマスタ（Master）を表しています。このようにテーブルの種別がひとめでわかるような接頭辞を付けておくと、扱うテーブル数が増えたあとも管理しやすくなります。

2 フィールドサイズを設定する

今回は M_顧客の各フィールドについて、フィールドのサイズと定型入力を設定します。
フィールドのサイズはプロパティシートで設定します。

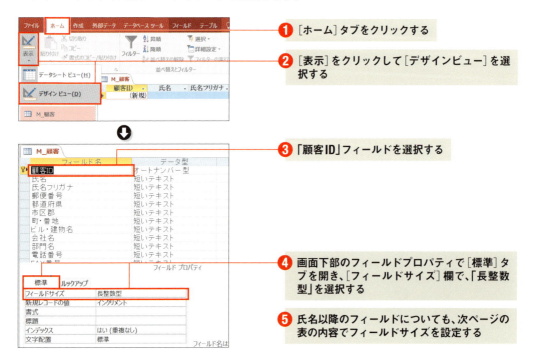

① [ホーム] タブをクリックする

② [表示] をクリックして [デザインビュー] を選択する

③ 「顧客ID」フィールドを選択する

④ 画面下部のフィールドプロパティで [標準] タブを開き、[フィールドサイズ] 欄で、「長整数型」を選択する

⑤ 氏名以降のフィールドについても、次ページの表の内容でフィールドサイズを設定する

POINT フィールドサイズ

テキスト型のフィールドでは、その項目に入力するデータの長さ（文字数）をフィールドサイズとして指定できます。郵便番号や電話番号、都道府県のように、あらかじめ入力される文字数の上限がある程度わかっている項目は、適切なフィールドサイズを指定しておくとよいでしょう。
必要十分なフィールドサイズを設定することにより、データベースのサイズが無駄に大きくなるのを防げます。

フィールド名	サイズ	定型入力
顧客ID	—	
氏名	30	
氏名フリガナ	50	
郵便番号	10	000¥-0000;;_
都道府県	10	
市区郡	50	
町・番地	50	
ビル・建物名	50	
会社名	50	
部門名	50	
電話番号	20	
FAX番号	20	
メールアドレス	50	
顧客区分	20	
生年月日	—	0000/00/00;0;_
性別	5	
登録日	—	0000/00/00;0;_

フィールドのサイズと定型入力の設定

3 定型入力を設定する（郵便番号）

郵便番号、生年月日、登録日の3つのフィールドについては定型入力を設定します。

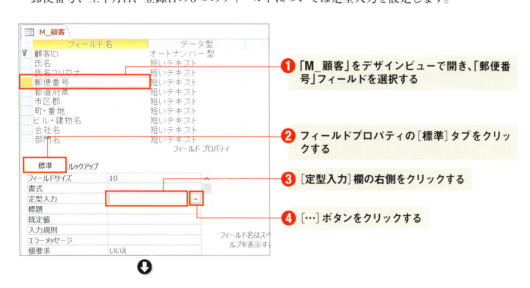

❶ 「M_顧客」をデザインビューで開き、「郵便番号」フィールドを選択する

❷ フィールドプロパティの[標準]タブをクリックする

❸ [定型入力]欄の右側をクリックする

❹ […]ボタンをクリックする

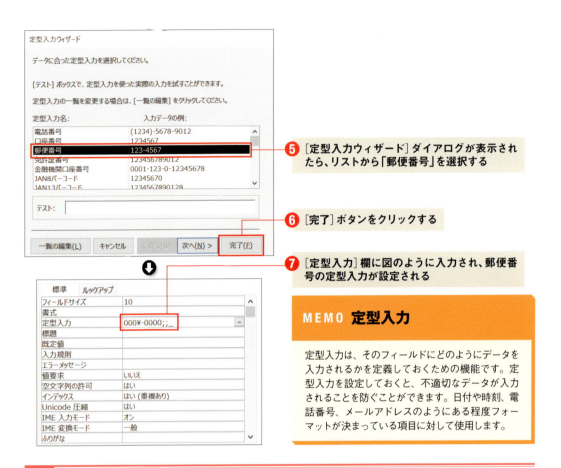

❺ [定型入力ウィザード]ダイアログが表示されたら、リストから「郵便番号」を選択する

❻ [完了]ボタンをクリックする

❼ [定型入力]欄に図のように入力され、郵便番号の定型入力が設定される

MEMO 定型入力

定型入力は、そのフィールドにどのようにデータを入力されるかを定義しておくための機能です。定型入力を設定しておくと、不適切なデータが入力されることを防ぐことができます。日付や時刻、電話番号、メールアドレスのようにある程度フォーマットが決まっている項目に対して使用します。

4 定型入力を設定する（生年月日、登録日）

生年月日と登録日にも、同じ手順で定型入力を設定します。この2つは日付型のフィールドなので、「2016/01/01」という書式で定型入力を設定します。

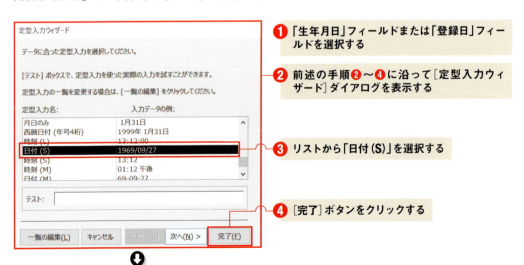

❶ 「生年月日」フィールドまたは「登録日」フィールドを選択する

❷ 前述の手順❷〜❹に沿って[定型入力ウィザード]ダイアログを表示する

❸ リストから「日付 (S)」を選択する

❹ [完了]ボタンをクリックする

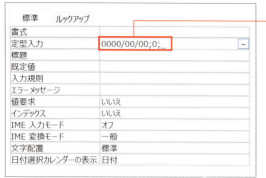

5 [定型入力]に図のように入力され、日付の定型入力が設定される

✓ POINT　ショートカットキーで保存する

[Ctrl] + [S] キーを同時に押すと、作業中に生じた変更を保存できます（クイックアクセスツールバーで［保存］ボタンをクリックしたときと同じ処理が実行されます）。

5　ルックアップを設定する

　続いてルックアップの設定を行います。ルックアップとは、簡単に言えばフィールドへの値の入力を支援する機能です。ルックアップ機能を使うと、指定した値のリストや関連付けられた別のテーブルのフィールドの値の一覧などから、入力する値を選択できます。M_顧客テーブルでは、顧客区分と性別にルックアップを設定します。まずは顧客区分から設定していきます。

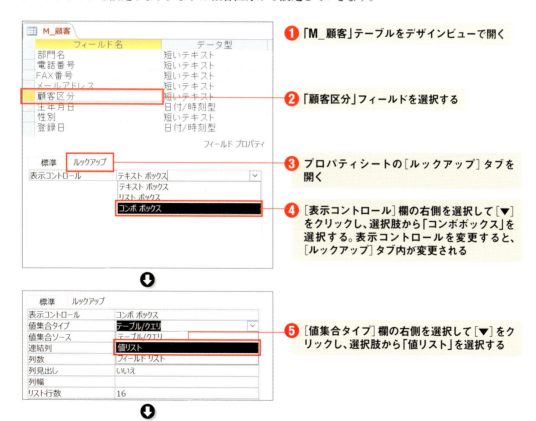

❶「M_顧客」テーブルをデザインビューで開く

❷「顧客区分」フィールドを選択する

❸ プロパティシートの［ルックアップ］タブを開く

❹［表示コントロール］欄の右側を選択して［▼］をクリックし、選択肢から「コンボボックス」を選択する。表示コントロールを変更すると、［ルックアップ］タブ内が変更される

❺［値集合タイプ］欄の右側を選択して［▼］をクリックし、選択肢から「値リスト」を選択する

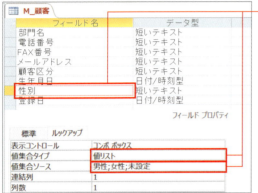

❻ 値集合タイプを設定したら、[値集合ソース]欄の右側に次のように入力する。これで顧客区分のルックアップの設定は完了

優良顧客;通常顧客;ブラックリスト

❼ 同様の手順で性別フィールドにもルックアップを設定する。入力する内容は次のとおり

男性;女性;未設定

フィールド名	表示コントロール	値集合タイプ	値リスト
顧客区分	コンボボックス	値リスト	優良顧客;通常顧客;ブラックリスト
性別	コンボボックス	値リスト	男性;女性;未設定

ルックアップの設定

POINT プロパティの設定

表示コントロール、値集合タイプ、値集合ソースの3つのプロパティは親子関係になっています。プロパティを設定する際は、[表示コントロール] → [値集合タイプ] → [値集合ソース] の順に行ってください。

POINT ルックアップの設定

ルックアップはすべてのフィールドに設定できるわけではありません。たとえば、メモ型、日付/時刻型、通貨型、オートナンバー型などのデータ型を設定したフィールドではルックアップの設定は行えません。

ルックアップの設定ができない例

6 ふりがなの自動入力を設定する

最後に、ふりがなの自動入力を設定します。Accessのふりがな入力支援機能を利用すると、あるフィールドに入力したデータのふりがなを自動的に別のフィールドにセットすることができます。

ここでは、氏名フィールドに入力されたデータのふりがなを氏名フリガナフィールドにセットするための設定を行います。

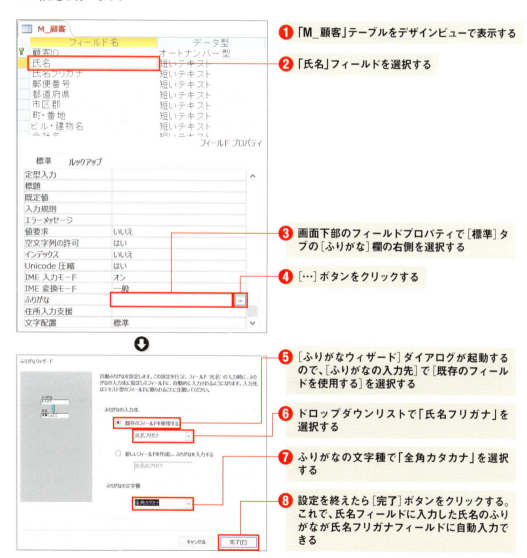

❶ 「M_顧客」テーブルをデザインビューで表示する

❷ 「氏名」フィールドを選択する

❸ 画面下部のフィールドプロパティで[標準]タブの[ふりがな]欄の右側を選択する

❹ […]ボタンをクリックする

❺ [ふりがなウィザード]ダイアログが起動するので、[ふりがなの入力先]で[既存のフィールドを使用する]を選択する

❻ ドロップダウンリストで「氏名フリガナ」を選択する

❼ ふりがなの文字種で「全角カタカナ」を選択する

❽ 設定を終えたら[完了]ボタンをクリックする。これで、氏名フィールドに入力した氏名のふりがなが氏名フリガナフィールドに自動入力できる

MEMO ふりがなの文字種

[ふりがなの文字種]では氏名フリガナフィールドに入力する文字種を選択します。文字種は「全角ひらがな」「全角カタカナ」「半角カタカナ」の3つから選択できます。

Chapter 5 販売管理システムを設計する／顧客管理サブシステムを作る

04 顧客登録フォームを作成する

顧客テーブルに顧客の情報を登録するためのインタフェースとなる「顧客登録」フォームを作成しましょう。

作業の流れ
1 フォームを作成する
2 レイアウトを調整する
3 住所入力支援を設定する
4 年齢自動計算機能を付ける

郵便番号／住所の自動入力機能

顧客の年齢を自動計算して表示する機能

顧客登録フォーム

顧客登録フォームについて

顧客マスタが完成したので、顧客登録フォームの作成にとりかかりましょう。顧客登録フォームは顧客マスタに情報を登録したり、登録した情報を閲覧したりするために使用するフォームです。顧客マスタの情報を見やすく配置するとともに、データの入力や閲覧を効率よく行えるような仕組みを組み込んでフォームを作成しましょう。

1 フォームを作成する

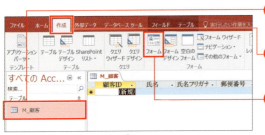

❶ ナビゲーションウィンドウの［テーブル］セクションで「M_顧客」を選択する

❷ ［作成］タブをクリックする

❸ ［フォーム］グループの［フォーム］をクリックする

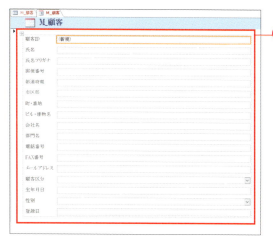

❹「M_顧客」テーブルをもとにしてフォームが自動作成される

MEMO フォームヘッダーの背景色

本書のサンプルでは、フォームヘッダーの［背景色］を［Access テーマ4］に変更しています。
フォームヘッダーの背景色を変更するには、まず、対象となるフォームを選択し、［ホーム］タブの［表示］グループから［デザインビュー］を選択してデザインビューを開きます。フォームヘッダーを選択し、プロパティシートの［書式］タブの［背景色］で変更します。

❺ 画面左上の［上書き保存］ボタンをクリックする

❻［名前を付けて保存］ダイアログに「F_顧客登録」と入力して［OK］ボタンをクリックする

❼ フォームが保存され、ナビゲーションウィンドウの［フォーム］セクションに「F_顧客登録」が表示される

2 レイアウトを調整する

❶ [Shift]キーを押しながらラベルの横のテキストボックスをクリックする

❷ この状態で任意のコントロールの右端にマウスカーソルを重ねる

❸ カーソルが[?]の形に変わったら、そのまま左のほうにドラッグする

❹ 画面のようにテキストボックスの幅が狭くなる

❺ デザインビューで開く

❻ 図を参考にレイアウトを調整する。ヘッダーのタイトルを「顧客登録」に変更する

> **MEMO コントロールのフォントや背景色の変更**
>
> ラベルやテキストボックスなどのコントロールに表示する文字のフォントや、コントロールの背景色を変更するには、対象のコントロールを選択して[書式]タブをクリックし、[フォント]グループや[コントロールの書式設定]グループで変更します。

✅POINT レイアウトの削除[*1]

Accessには、複数のコントロールをまとめてサイズ変更したり、移動したりできるレイアウトという機能が搭載されています。このため、通常は縦横に並んだコントロールの幅や高さが一括して変更されてしまいます。個々のコントロールの幅や高さなどを個別に調整したい場合は、次の手順でレイアウトを削除してください。

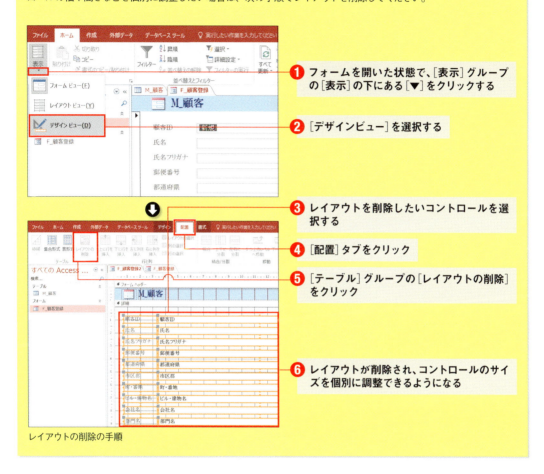

❶ フォームを開いた状態で、[表示]グループの[表示]の下にある[▼]をクリックする

❷ [デザインビュー]を選択する

❸ レイアウトを削除したいコントロールを選択する

❹ [配置]タブをクリック

❺ [テーブル]グループの[レイアウトの削除]をクリック

❻ レイアウトが削除され、コントロールのサイズを個別に調整できるようになる

レイアウトの削除の手順

[*1] すべてのコントロールを選択した状態で[レイアウトの削除]をクリックすると、全コントロールの幅や高さ、位置などを自由に変更できるようになります。フォームのレイアウトを自由にデザインしたい場合には、一旦すべてのコントロールのレイアウトを削除した上でコントロールを再配置してください。

レイアウトを変える

2列で作成しているフォーム（下左図）を縦に1列に並ぶフォーム（下右図）に、レイアウトを変更してみましょう。

2列を1列にする

レイアウトを変える

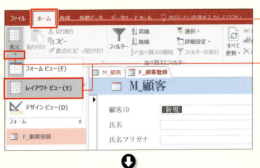

❶「F_顧客登録」を開いた状態で［ホーム］タブをクリックする

❷［表示］グループの［表示］の下にある［▼］をクリックして「レイアウトビュー」を選択する

❸「F_顧客登録」がレイアウトビューで開く

MEMO レイアウトビュー

レイアウトビューはフォームのレイアウト調整を行うのに適したビューです。レイアウトビューを使うと、各コントロールに実際のデータを表示した状態で、コントロールのサイズや外観などを変更できます。

❹ まず右列のコントロールをすべて選択する。はじめに「会社名」のラベルをクリックする。次に[Shift]キーを押しながら「登録日」のテキストボックスをクリックすると、「会社名」のラベルから「登録日」のテキストボックスまでがすべて選択され、オレンジ色の枠で囲まれる

⚠ CAUTION ⚠ 一括選択ができない場合

P.099の手順でレイアウトを削除した場合、[Shift]キーによる一括選択ができません。その場合は、[Ctrl]キーを押しながら対象のコントロールを1つ1つクリックして選択してください。

❺ 選択されたコントロールをマウスでホールドして、画面左下の方向の「会社名」のラベルのあたりまでドラッグする

❻「会社名」のラベルの下にオレンジ色のラインが表示されたマウスボタンを放す。これで「部門名」から「登録日」までのコントロールが「会社名」の下に移動し、縦1列のレイアウトになる

✓ POINT コントロールの選択

コントロールはマウスでクリックすると選択することができ、選択されたコントロールの周りにはオレンジ色の枠が表示されます。[Ctrl]キーを押しながらコントロールをクリックしていくと、複数のコントロールを続けて選択できます。また、[Shift]キーを押しながら離れたコントロールをクリックすると、はじめにクリックしたコントロールと次にクリックしたコントロールの間のコントロールをすべて選択することができます（レイアウトの削除を実行した場合は、[Shift]キーによる一括選択はできません）。

3 住所入力支援を設定する

続いて、住所入力支援の設定を行います。Accessの住所入力支援機能を使うと、住所と郵便番号を相互に自動入力できるようになります。

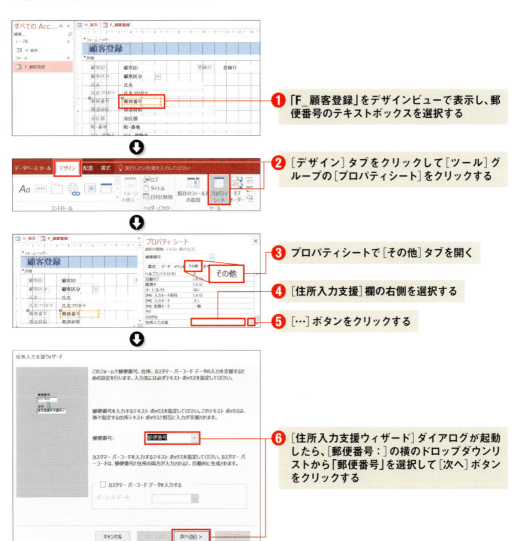

❶「F_顧客登録」をデザインビューで表示し、郵便番号のテキストボックスを選択する

❷[デザイン]タブをクリックして[ツール]グループの[プロパティシート]をクリックする

❸プロパティシートで[その他]タブを開く

❹[住所入力支援]欄の右側を選択する

❺[…]ボタンをクリックする

❻[住所入力支援ウィザード]ダイアログが起動したら、[郵便番号：]の横のドロップダウンリストから「郵便番号」を選択して[次へ]ボタンをクリックする

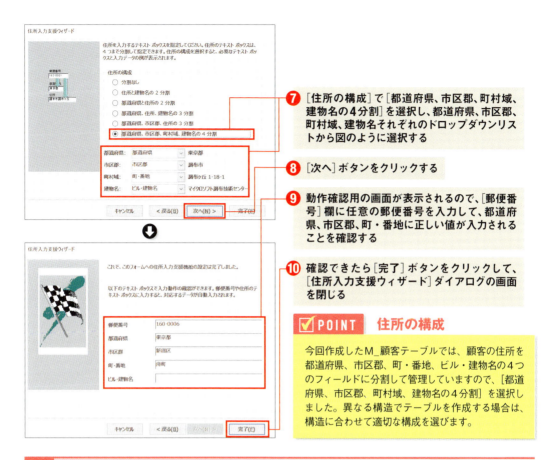

❼ [住所の構成]で[都道府県、市区郡、町村域、建物名の4分割]を選択し、都道府県、市区郡、町村域、建物名それぞれのドロップダウンリストから図のように選択する

❽ [次へ]ボタンをクリックする

❾ 動作確認用の画面が表示されるので、[郵便番号]欄に任意の郵便番号を入力して、都道府県、市区郡、町・番地に正しい値が入力されることを確認する

❿ 確認できたら[完了]ボタンをクリックして、[住所入力支援ウィザード]ダイアログの画面を閉じる

✓ POINT 住所の構成

今回作成したM_顧客テーブルでは、顧客の住所を都道府県、市区郡、町・番地、ビル・建物名の4つのフィールドに分割して管理していますので、[都道府県、市区郡、町村域、建物名の4分割]を選択しました。異なる構造でテーブルを作成する場合は、構造に合わせて適切な構成を選びます。

4　年齢自動計算機能を付ける

次に、顧客マスタの「生年月日」フィールドに入力された生年月日から顧客の年齢を自動計算する機能を追加します。

❶ 「F_顧客登録」をデザインビューで表示して「生年月日」を選択する

❷ 続いて、年齢を表示するためのコントロールを追加する。[デザイン]タブを開き、コントロールリストのボックスの右下にある[▼]をクリックする。[コントロールウィザードの使用]が選択されている場合はクリックして選択を解除し、[テキストボックス]をクリックする

✓ POINT コントロールウィザードが起動した場合

コントロールウィザードが起動した場合は、キャンセルして終了してください。

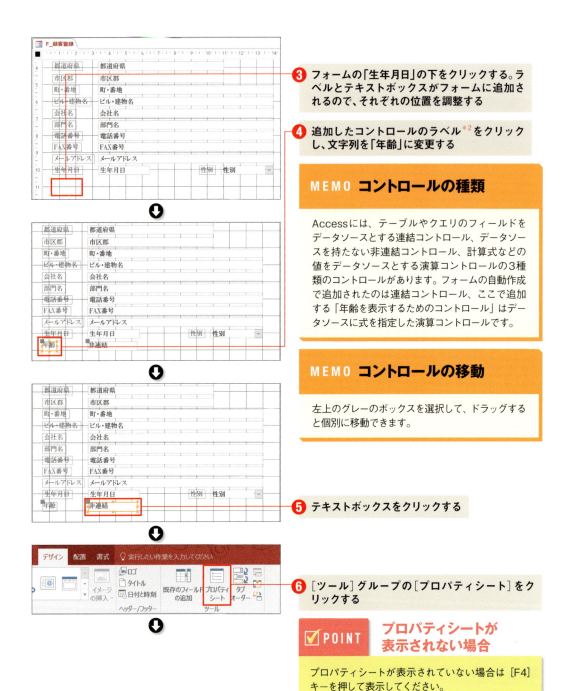

❸ フォームの「生年月日」の下をクリックする。ラベルとテキストボックスがフォームに追加されるので、それぞれの位置を調整する

❹ 追加したコントロールのラベル[*2]をクリックし、文字列を「年齢」に変更する

MEMO コントロールの種類

Accessには、テーブルやクエリのフィールドをデータソースとする連結コントロール、データソースを持たない非連結コントロール、計算式などの値をデータソースとする演算コントロールの3種類のコントロールがあります。フォームの自動作成で追加されたのは連結コントロール、ここで追加する「年齢を表示するためのコントロール」はデータソースに式を指定した演算コントロールです。

MEMO コントロールの移動

左上のグレーのボックスを選択して、ドラッグすると個別に移動できます。

❺ テキストボックスをクリックする

❻ [ツール]グループの[プロパティシート]をクリックする

POINT プロパティシートが表示されない場合

プロパティシートが表示されていない場合は[F4]キーを押して表示してください。

[*2] コントロールのラベル名はAccessにより自動的に挿入されます。この値は作業状態により異なりますが、気にせずに作業を進めてください。

04 顧客登録フォームを作成する

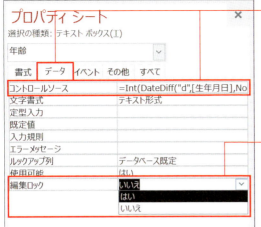

❼ 画面右側の[プロパティシート]にこのテキストボックスのプロパティが表示されるので、[データ]タブを開き、[コントロールソース]欄の右側に下のように入力する(これは生年月日をもとに誕生日を自動計算するための式となる)

`=Int(DateDiff("d",[生年月日],Now())/365.25)`

手順❼で入力する内容

❽ 続いて同じ[データ]タブの[編集ロック]を「はい」に変更する

MEMO 半角入力

「生年月日」の4文字以外はすべて半角文字で入力してください。

❾ テキストボックスの右にラベルを置き、「才」と入力する

MEMO フォントについて

ここでは表示用のフォントを初期設定の「MSゴシック」から「HGP明朝E」に変更しています。フォントを変更するには、[ホーム]タブの[テキストの書式設定]グループでフォント名の右にある[▼]をクリックしてフォントを選択します。

❿ これで設定は完了。[Ctrl]+[S]キーを押して、フォームの変更を保存する

⓫ [デザイン]タブの[表示]で[フォームビュー]を選択してフォームをフォームビューで表示する

⓬ 各レコードの生年月日に表示された年月日から自動計算した年齢が表示されるのがわかる。これで顧客登録フォームは完成

✓POINT 編集ロックについて

[編集ロック]プロパティを「はい」にすると、そのコントロールに値を入力することや、値を編集することができなくなります。コントロールを表示専用にしたい場合は[編集ロック]を「はい」にしておいてください。

MEMO プロパティシート

Accessのオブジェクトには高さや幅、色、データソースなどのさまざまな性質が備わっています。これを「オブジェクトのプロパティ」と呼びます。プロパティシートを使うと、このようなプロパティの設定や変更ができます。プロパティシートに表示されるプロパティの種類はオブジェクトにより異なります。

プロパティシートの例

COLUMN

より正確に年齢を計算する

ここで紹介した年齢計算の式は、「生年月日から当日までの日数を求め、それを365.25で割って年齢を求める」という仕組みになっています。365.25の「.25」はうるう年の日数（4年ごとに1日＝1年に換算すると0.25日）を加味したものです。
多くの場合、この計算式を利用すれば、正しく年齢が表示できますが、場合によりわずかに誤差が生じることがあります。より正確に年齢表示を行う必要がある場合は、少し長いですが手順❼で次の式を使用してください[3]。

```
If(Format([生年月日],"mm/dd")>Format(Date(),"mm/dd"),DateDiff("yyyy",[生年月日],Date())-1,DateDiff("yyyy",[生年月日],Date()))
```

[3] 紙面の都合で2行で表示していますが、実際には途中で改行せずに1行で続けて入力してください。

05 顧客一覧フォームを作成する

顧客マスタに登録されている情報を一覧するための顧客一覧フォームを作成しましょう。

顧客一覧フォーム

作業の流れ
1. フォームを作成する
2. フォームに移動するボタンを付ける
3. 氏名検索機能を作成する
4. 検索処理を組み込む

次に、顧客一覧フォームを作成しましょう。顧客一覧フォームは顧客マスタに登録されている情報を一覧するためのフォームです。全顧客の情報を一覧形式で閲覧し、必要な顧客の情報を素早く探し出せるような機能を組み込みます。

顧客一覧フォームの作成のポイント

顧客一覧フォームを作成する際のポイントは、必要最低限の情報だけをコンパクトに配置することです。

顧客登録フォームは「顧客マスタ」に情報を登録し、登録された情報の詳細を閲覧するためのフォームであるため、顧客マスタのすべてのフィールドをフォーム上に配置していました。

これに対して顧客一覧フォームは、複数名の顧客の情報を一覧するために使用するフォームです。そこで、顧客の氏名、住所の都道府県、顧客区分、性別、年齢といった必要最低限の情報だけを表示し、各行から顧客登録フォームへ簡単に移動して詳細情報を閲覧できるような構造にします。

このように各フォームにどのような役割を持たせるのかを明確にすることで、機能の重複の少ない、シンプルで使いやすいアプリケーションを作成できます。

なお、顧客一覧フォームには、たくさんのレコードが一覧形式で表示されます。そこで、たくさんのレコードの中から必要な情報を見つけやすくするための簡単な検索機能も組み込んでみましょう。

1 フォームを作成する

はじめにフォームを作成します。今回は「フォームウィザード」という機能を利用してフォームを作成します。

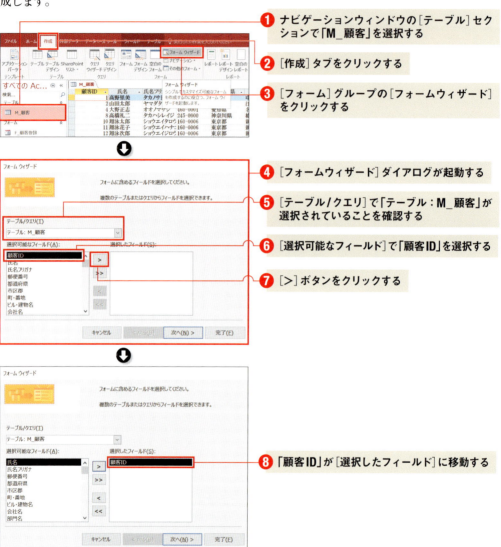

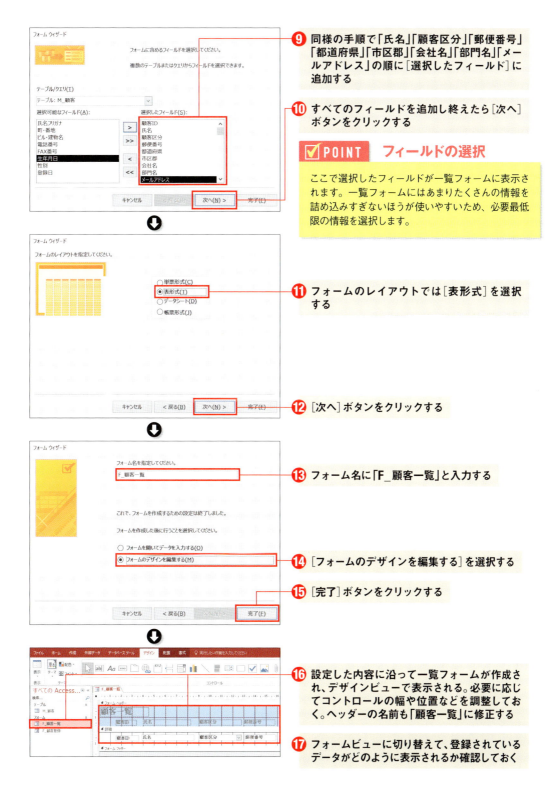

2 フォームに移動するボタンを付ける

続いて、顧客一覧フォームから顧客登録フォームに移動するボタンを組み込みましょう。この機能はコマンドボタンウィザードを使って追加します。

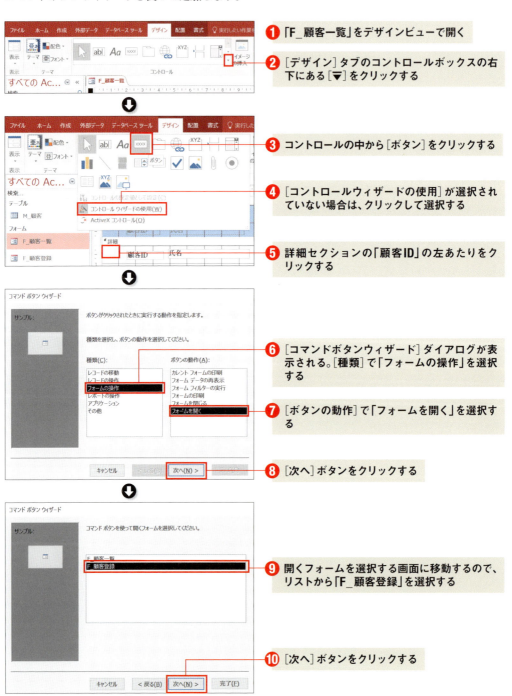

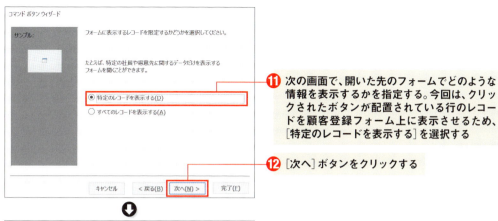

⓫ 次の画面で、開いた先のフォームでどのような情報を表示するかを指定する。今回は、クリックされたボタンが配置されている行のレコードを顧客登録フォーム上に表示させるため、[特定のレコードを表示する]を選択する

⓬ [次へ]ボタンをクリックする

⓭ 続いて関連付けるフィールドを選択する。「F_顧客一覧」の「顧客ID」と「F_顧客登録」の「顧客ID」を選択する

⓮ 中央の[<->]ボタンをクリックする

⓯ [関連付けるフィールド]に「顧客ID<->顧客ID」と表示されたことを確認する

⓰ [次へ]ボタンをクリックする

✓POINT ボタンの画像を変更する

デフォルトでは、ボタンに表示するピクチャとして「Accessフォーム」を表すアイコンが選択されています。他のアイコンに変更したい場合は、ボックスの下の[すべてのピクチャを表示する]にチェックを入れ、表示されるリストから好きなものを選んでください。または[参照]ボタンをクリックして画像ファイル（bmp形式またはico形式）を選択することもできます。

アイコンの変更

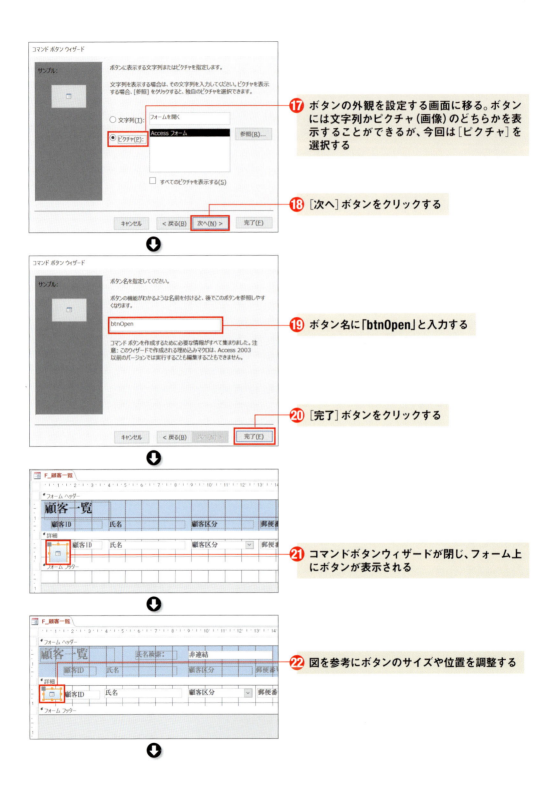

05
顧客一覧フォームを作成する

㉓ 調整できたら、フォームビューに切り替えて、フォームに移動するボタンをクリックする

㉔ 顧客登録フォームが表示される

「顧客一覧フォームを表示するボタン」を設置する

顧客登録フォームの側に「顧客一覧フォームを表示するボタン」を設置してみましょう。
作業手順はP.110～113とほぼ同じですが、手順❾の「コマンドボタンを使って開くフォーム」では「F_顧客一覧」を、手順⓫の「フォームに表示するレコード」では下図のように[すべてのレコードを表示する]を選択してください。

[すべてのレコードを表示する]を選択

COLUMN

マクロについて

今回作成したコマンドボタンには、「マクロ」と呼ばれるオブジェクトが関連付けられています。マクロというのはAccessの処理を自動化するためのオブジェクトです。
マクロを使うと、指定したフォームを開いたり、フォームを閉じたり、レポートを印刷したりといった処理（アクション）を実行できます。
コマンドボタンウィザードを使うと、ボタンのクリック時にフォームを閉じる、レポートを作成するといった基本的な操作を簡単に設定できます。

コマンドボタンウィザード

113

3 氏名検索機能を作成する

顧客一覧には顧客マスタに登録されているすべてのレコードが一覧表示されますので、レコードの数が増えてくるにつれ、必要なレコードが探しづらくなっていきます。

そこで、顧客の氏名を条件としてレコードを検索する機能を顧客一覧フォームに組み込んでみましょう。

この機能は「モジュール」というオブジェクトを利用して実現します。

顧客一覧フォームに追加する氏名検索機能

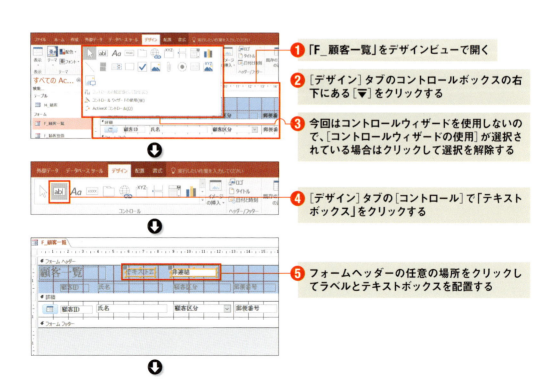

❻ 図を参考に位置とサイズを調整する

❼ コントロールで[ボタン]をクリックし、テキストボックスの右側の空きスペースをクリックしてボタンを設置する

✓POINT コントロールを好みのサイズに変更する

フォーム上をワンクリックする代わりにフォーム上で図のようにドラッグすることで、はじめから好みのサイズでコントロールを配置できます。

❽ ラベル、テキストボックス、ボタンをすべて配置したら、それぞれのプロパティを次の表のように設定する

タブ	プロパティ	ラベル	テキストボックス	ボタン
その他	名前	lblCondition	txtCondition	btnSearch
その他	ヒントテキスト	―	―	レコードの検索
書式	標題	氏名検索：	―	検索
書式	ピクチャの標題の配置	―	―	ピクチャの標題なし
書式	ピクチャ	―	―	双眼鏡（検索）

プロパティの設定[*1]

✓POINT プロパティシートが表示されていない場合

プロパティはプロパティシートで設定します。プロパティシートが表示されていない場合は[F4]キーを押して表示してください。

[*1] 「―」部分は設定不要です。ピクチャは[…]ボタンをクリックし、ピクチャビルダーを表示して選択してください。

4 検索処理を組み込む

プロパティの設定ができたら、検索処理を組み込みましょう。

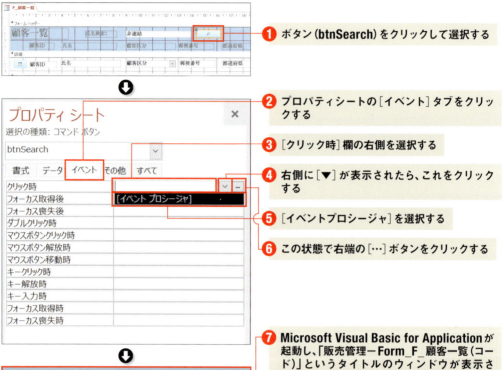

① ボタン(btnSearch)をクリックして選択する

② プロパティシートの[イベント]タブをクリックする

③ [クリック時]欄の右側を選択する

④ 右側に[▼]が表示されたら、これをクリックする

⑤ [イベントプロシージャ]を選択する

⑥ この状態で右端の[…]ボタンをクリックする

⑦ Microsoft Visual Basic for Applicationが起動し、「販売管理－Form_F_顧客一覧(コード)」というタイトルのウィンドウが表示される

MEMO Microsoft Visual Basic for Application

コードビルダーと呼ばれるAccessの組み込みツールです。

イベントプロシージャ

Accessでは、「コントロールがクリックされた」「フォームが表示された」「コントロールに値が入力された」といった状態の変化を「イベント」と呼びます。これらのイベントが起こるタイミングに何らかの処理を実行させることで、アプリケーションに動きを付けることができます。このようなイベントに関連付けられた処理を「イベントプロシージャ」と呼びます。

MEMO コードビルダー

コードビルダーは、VBA(Visual Basic for Application)というプログラミング言語を使ってAccessの処理を自動化するためのプログラムを作成するツールです。コードビルダーを使うとマクロよりもきめ細かくAccessの動作を制御できます。

05 顧客一覧フォームを作成する

❽ コードビルダーが開いたら、「**Private Sub btnSearch_Click()**」という行と「**End Sub**」という行の間に、次のように記入する。「氏名」以外の文字はすべて半角で、単語と単語の間には半角スペースを入れる

```
If Me.txtCondition <> "" Then
    Me.txtCondition.SetFocus
    Me.Filter = "氏名 Like ""*" & Me.txtCondition.Text & "*"""
    Me.FilterOn = True
Else
    Me.Filter = ""
    Me.FilterOn = False
End If
```

❾ コードを入力し終えたら、ウィンドウ右上の[×]ボタンをクリックしてコードビルダーを閉じ、**VBA**を終了する

COLUMN

コードの内容について

前述のコードの前半は、「txtConditionに値が入力されている場合は、その値を含むレコードを表示する」という処理を行うためのコードです。[検索]ボタン（btnSearch）がクリックされたときにこの処理を実行することで、「ボタンをクリックすると絞り込み検索が行われる」という機能を実現できます。
レコードの絞り込みには、フォームオブジェクトのFilterプロパティを使用しています。
コードの後半、Else以降の部分では、「それ以外の場合はレコードの絞り込みを解除する」という処理を定義しています。このコードにより、検索条件のテキストボックス（txtCondition）を空にしてボタンをクリックしたときにすべてのレコードを表示させることができます。

❿ フォームをフォームビューで表示して、動作を確認する。任意の氏名の一部、または全部を入力して[検索]ボタンをクリックする

⓫ その値を含むレコードだけがフォームに表示される

⓬ 絞り込みを解除したい場合は、テキストボックスを空にして[検索]ボタンをクリックする

＋α 「メールアドレス」フィールドを検索対象にする

ここでは氏名フィールドを対象とした検索処理を定義しましたが、氏名ではなく、都道府県名や会社名、メールアドレスなどで検索をかけたいこともあるでしょう。
コードを次のように変更すると、「メールアドレス」フィールドを検索対象にすることができます。メールアドレス以外のフィールドについても、ぜひ試してみてください。

```
If Me.txtCondition <> "" Then
    Me.txtCondition.SetFocus
    Me.Filter = "メールアドレス Like ""*" & Me.txtCondition.Text & "*"""
    Me.FilterOn = True
Else
    Me.Filter = ""
    Me.FilterOn = False
End If
```

COLUMN

完全一致と部分一致

検索処理の方式には、完全一致検索と部分一致検索の2種類があります。完全一致検索では、指定された条件と完全に一致するレコードだけを抽出します。部分一致検索では、指定された条件を含むレコードをすべて抽出します。

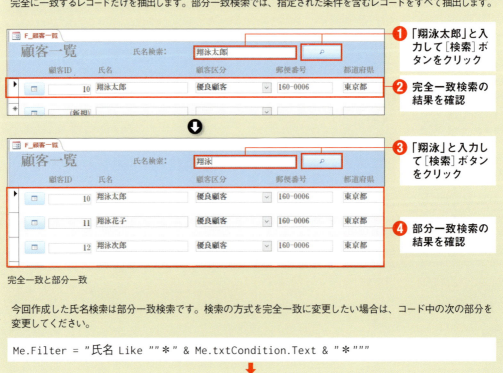

完全一致と部分一致

今回作成した氏名検索は部分一致検索です。検索の方式を完全一致に変更したい場合は、コード中の次の部分を変更してください。

```
Me.Filter = "氏名 Like ""*" & Me.txtCondition.Text & "*"""
```

↓

```
Me.Filter = "氏名 = '" & Me.txtCondition.Text & "'"
```

06 顧客管理サブシステムを使用する

前節までで顧客管理サブシステムが完成しました。動作確認を兼ねて、完成したシステムを実際に使用してみましょう。

1 顧客情報を新規登録する

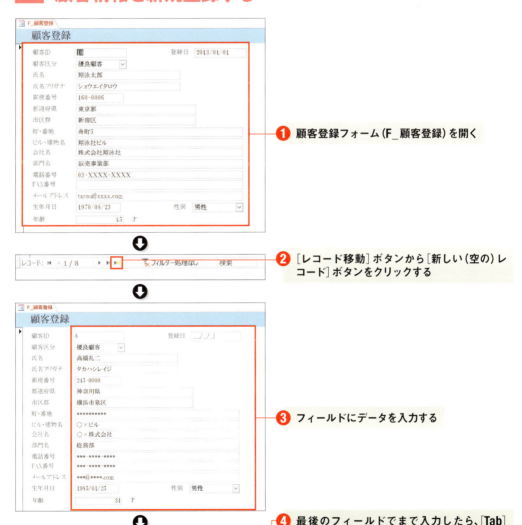

① 顧客登録フォーム（F_顧客登録）を開く

② [レコード移動]ボタンから[新しい（空の）レコード]ボタンをクリックする

③ フィールドにデータを入力する

④ 最後のフィールドでまで入力したら、[Tab]キーを押すか、[レコード移動]ボタンをクリックして入力内容を確定する

2 顧客情報を編集する

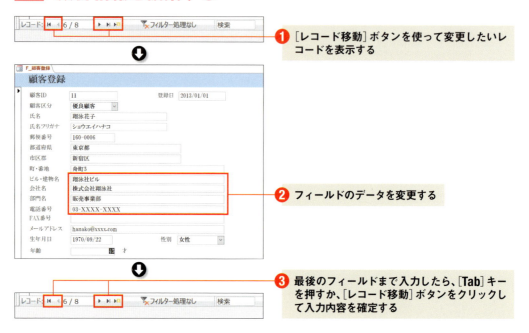

3 顧客情報を削除する

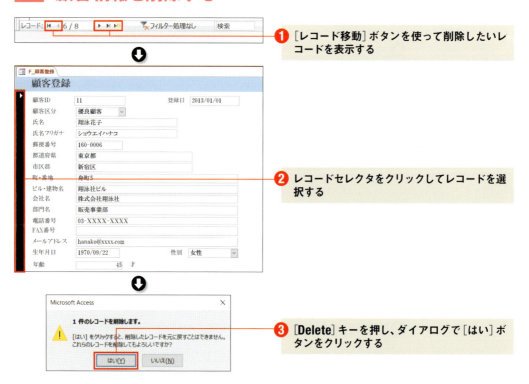

4 フォームを閉じる

❶ フォーム右上の[×]ボタンをクリックしてフォームを閉じる

5 顧客情報を検索する

❶ 顧客一覧フォーム(F_顧客一覧)を開く

❷ 「氏名検索」に検索したい顧客名を入力し、[検索]ボタンをクリックする

❸ レコード先頭のボタンをクリックして顧客情報登録フォームへ移動する

COLUMN

Accessのフィルター機能を利用して絞り込む

顧客一覧画面には顧客の氏名で検索を行う機能を組み込みましたが、Accessのフィルター機能を活用して、さらに高度な検索を行うことも可能です。また、並べ替え機能を活用すれば、一覧フォーム上に表示されているレコードを並べ替えることも可能です。
フィルター機能は[ホーム]タブの[並べ替えとフィルター]グループから利用します。

6 指定の都道府県でフィルターをかける

❶ 「都道府県」フィールドのテキストボックスを右クリックして[テキストフィルター]を選択する

❷ [テキストフィルター]で表示したいデータにチェックを入れる

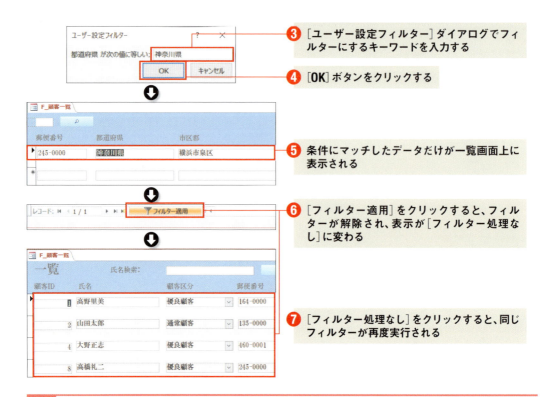

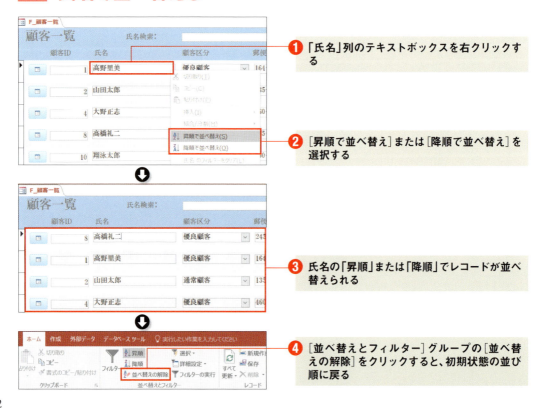

7 氏名で並べ替える

Chapter 6

商品管理サブシステム
を作る

Chapter 5では販売管理データベースを作成し、その中に顧客管理サブシステムを作成しました。
このChapterでは顧客と並んで重要なマスタ情報である「商品情報」を管理するサブシステムを作成します。

01 商品管理サブシステムを作成する準備

このChapterで開発する商品管理サブシステムの概要を説明します。

商品管理サブシステムに必要な機能を洗い出す

このChapterでは、顧客情報と並んで販売管理システムの根幹をなす、商品管理のためのサブシステムを開発します。

はじめに顧客管理サブシステムのときと同じように、商品管理サブシステムに必要な機能を具体的に洗い出しましょう。商品管理サブシステムを開発する目的は、次のようなものでした。

ネット通販用の商品情報を管理し、Webへの商品掲載作業を効率化する

この目的から、商品管理サブシステムには少なくとも右図のような機能が必要となることが予想できます。

管理する情報は「顧客」から「商品」に変わりましたが、必要な機能の種類は顧客管理サブシステムのときとほとんど同じです。ただし、今回作成する商品管理サブシステムには、検索機能は組み込まないことにします。

- 商品情報を登録する
- 商品情報を閲覧する
- 商品情報を変更する
- 商品情報を削除する

作成する商品管理サブシステム

機能を洗い出したら、商品管理サブシステムにどのような画面を持たせ、どの画面にどの機能を割り付けるかを考えていきます。

今回も前回同様、登録／更新用の画面と一覧用の画面の2つの画面を作成し、次ページの図のように機能を割り付けることにしました。

なお、顧客管理サブシステムでは顧客マスタというテーブルで顧客情報を管理しましたが、今回取り扱うのは商品情報ということで、商品マスタというテーブルで情報を管理することにします。

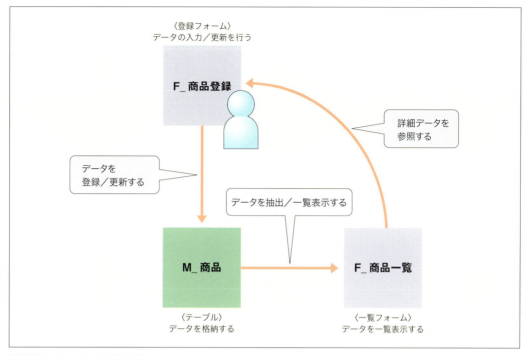

商品管理サブシステムの画面と機能

COLUMN

検索機能の必要性

アプリケーションに検索機能を付けるべきかどうかは、管理する情報の量によって決まります。たとえば、取り扱う商品が数百、数千、あるいはそれ以上の規模になる企業の場合、商品検索の機能がなければ効率よく業務を回せません。

逆に、取り扱う商品が限られていて、全商品を合わせても十数種類くらいにしかならないことがわかっていれば、あえて検索機能を組み込まなくても困らないこともあります。

アプリケーションを開発する際には、「その機能を開発するためにかかる手間やコスト」と「その機能を作ることで得られるメリット」とを天秤にかけ、どの機能を実現するかを決定するようにしてください。

02 商品マスタを作成する

商品管理サブシステムの心臓部となる商品マスタテーブルを作成しましょう。

作業の流れ

1. 商品マスタを作成して基本情報を設定する
2. ふりがなの自動入力を設定する
3. データを登録する

商品マスタ

それでは、商品管理サブシステムの開発にとりかかりましょう。

商品管理サブシステムは、Chapter 5で作成した販売管理データベースの中に作成します。今回も、商品管理サブシステムの心臓部となる「商品マスタ」から作成します。

商品マスタの構成

商品マスタは、下の図のような構成で作成することにします。

まず、商品マスタに必須の項目として、商品を管理するための商品IDと商品名、それに商品の仕入単価と販売単価を持たせます。また、商品名のふりがな、商品の型番を管理するためのフィールドも追加します。

今回のモデルケースとなる大辛商会は製造／卸業者であり、ネットショップで販売しているのは外部から仕入れた商品ではなく、自社で製造した商品ですが、ネット通販事業部では便宜上、「自社から製品を仕入れてネットで販売する」という形で処理しているため、仕入値を管理するための「仕入単価」というフィールドを持たせています。

作成する商品マスタ

1 商品マスタを作成して基本情報を設定する

新規にテーブルを作成して、基本情報を設定します。

❶ Chapter 5で作成した販売管理データベースの中に新規にテーブルを作成する

MEMO フォントについて

ここでは表示用のフォントを初期設定の「MSゴシック」から「HGP明朝E」に変更しています。フォントを変更するには、[ホーム] タブの [テキストの書式設定] グループでフォント名の右にある [▼] をクリックしてフォントを選択します。

POINT テーブルの作成方法

テーブルの作成方法については、Chapter 4の02を参照してください。

❷ テーブルを作成したら、次の表を参考に、各フィールドのフィールド名、データ型、主キーを設定する

主キー	フィールド名	データ型
○	商品ID	短いテキスト
	商品名	短いテキスト
	商品名フリガナ	短いテキスト
	型番	短いテキスト
	仕入単価	通貨型
	販売単価	通貨型

フィールドの設定

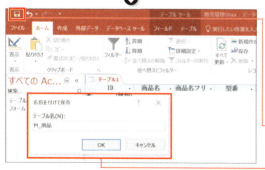

❸ すべてのフィールドを設定し終えたら、[上書き保存] ボタンをクリックする

❹ テーブル名として「M_商品」という名前を付けて保存する

POINT マスタを表す「M_」について

商品情報も顧客情報と同じくマスタ情報となりますので、マスタを表す「M_」を頭に付けています。

POINT 定型入力で入力ミスを減らす

商品IDや型番に決まった書式がある場合は、定型入力を設定することで入力ミスを減らすことができます。必要に応じて利用してみましょう(定型入力についてはP.091を参照)。

2 ふりがなの自動入力を設定する

「商品名」フィールドに入力された文字列に応じて、「商品名フリガナ」フィールドに自動的にふりがなをフィールドにセットするための設定を行います。

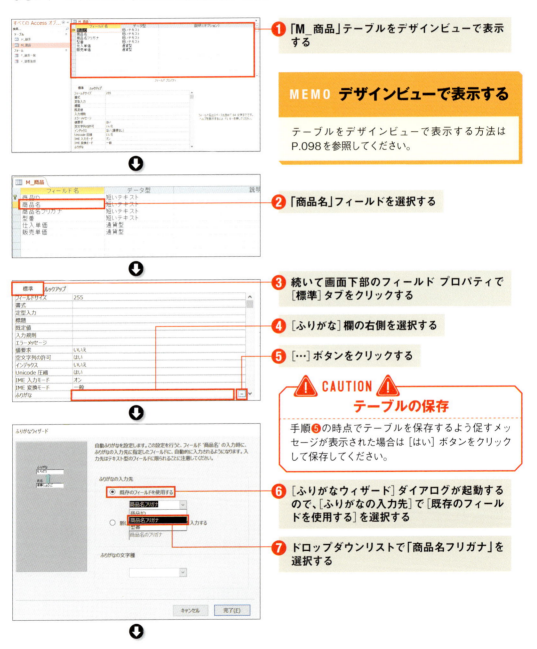

① 「M_商品」テーブルをデザインビューで表示する

MEMO デザインビューで表示する

テーブルをデザインビューで表示する方法はP.098を参照してください。

② 「商品名」フィールドを選択する

③ 続いて画面下部のフィールドプロパティで[標準]タブをクリックする

④ [ふりがな]欄の右側を選択する

⑤ […]ボタンをクリックする

⚠ CAUTION ⚠ テーブルの保存

手順⑤の時点でテーブルを保存するよう促すメッセージが表示された場合は[はい]ボタンをクリックして保存してください。

⑥ [ふりがなウィザード]ダイアログが起動するので、[ふりがなの入力先]で[既存のフィールドを使用する]を選択する

⑦ ドロップダウンリストで「商品名フリガナ」を選択する

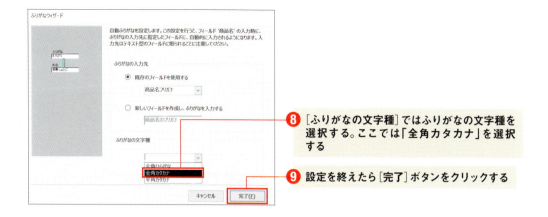

⑧ [ふりがなの文字種] ではふりがなの文字種を選択する。ここでは「全角カタカナ」を選択する

⑨ 設定を終えたら [完了] ボタンをクリックする

> **MEMO 確認ダイアログ**
>
> 手順⑨で [完了] ボタンをクリックすると確認ダイアログが表示されるので、[OK] ボタンをクリックしてください。

3 データを登録する

これで商品マスタが完成しました。M_商品テーブルをデータシートビューで開き、いくつかデータを登録してみましょう。

❶ データを登録する

03 商品登録フォームを作成する

商品マスタに情報を登録するための商品登録フォームを作成しましょう。

商品登録フォーム

作業の流れ
1 フォームを作成する

商品登録フォームの構成

　商品マスタが完成したら、次は商品登録フォームを作成します。商品登録フォームの作成の手順は顧客登録フォームとほぼ同じです。Chapter 5の復習のつもりで作業を進めてください。
　商品登録フォームには「商品マスタ」のすべてのフィールドの情報を登録／閲覧するためのパーツを配置します。

1 フォームを作成する

はじめにフォームを作成します。

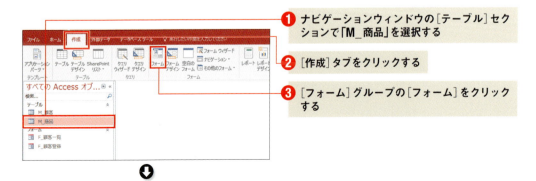

❶ ナビゲーションウィンドウの[テーブル]セクションで「M_商品」を選択する
❷ [作成]タブをクリックする
❸ [フォーム]グループの[フォーム]をクリックする

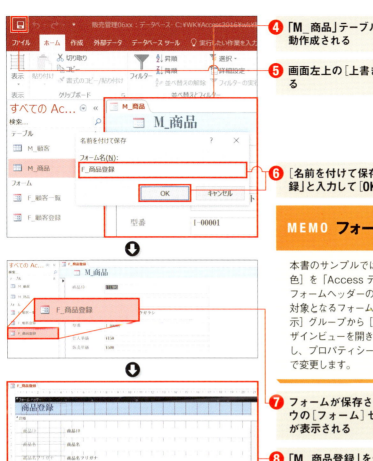

④ 「M_商品」テーブルをもとにしてフォームが自動作成される

⑤ 画面左上の[上書き保存]ボタンをクリックする

⑥ [名前を付けて保存]ダイアログに「F_商品登録」と入力して[OK]ボタンをクリックする

MEMO フォームヘッダーの背景色

本書のサンプルでは、フォームヘッダーの[背景色]を「Access テーマ4」に変更しています。フォームヘッダーの背景色を変更するには、まず、対象となるフォームを選択し、[ホーム]タブの[表示]グループから[デザインビュー]を選択してデザインビューを開きます。フォームヘッダーを選択し、プロパティシートの[書式]タブの[背景色]で変更します。

⑦ フォームが保存され、ナビゲーションウィンドウの[フォーム]セクションに「F_商品登録」が表示される

⑧ 「M_商品登録」をデザインビューで開き、レイアウトを調整する。ヘッダーのタイトルを「商品登録」に変更する

MEMO フォントについて

ここでは表示用のフォントを初期設定の「MSゴシック」から「HGP明朝E」に変更しています。フォントを変更するには、[ホーム]タブの[テキストの書式設定]グループでフォント名の右にある[▼]をクリックしてフォントを選択します。

Chapter 6 商品管理サブシステムを作る

04 商品一覧フォームを作成する

商品マスタに登録されている情報を一覧するための商品一覧フォームを作成しましょう。

作業の流れ
1. フォームを作成する
2. フォームに移動するボタンを追加する

商品一覧フォーム

商品一覧フォームの構造

商品登録フォームが完成したら、次は商品一覧フォームを作成しましょう。

商品一覧フォームは商品マスタに登録されている情報を一覧表示し、探している商品の情報にスムーズにアクセスするために使用するフォームです。顧客一覧フォームと同様に、必要最低限の情報をコンパクトにフォーム上に配置し、商品登録画面に簡単に移動できるような仕組みを組み込んでみましょう。

1 フォームを作成する

はじめにフォームを作成します。今回もChapter 5と同じように「フォームウィザード」機能を利用します。

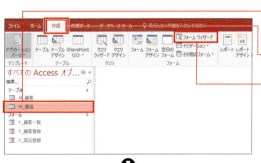

❶ ナビゲーションウィンドウの[テーブル]セクションで「M_商品」を選択する
❷ [作成]タブをクリックする
❸ [フォームウィザード]をクリックする

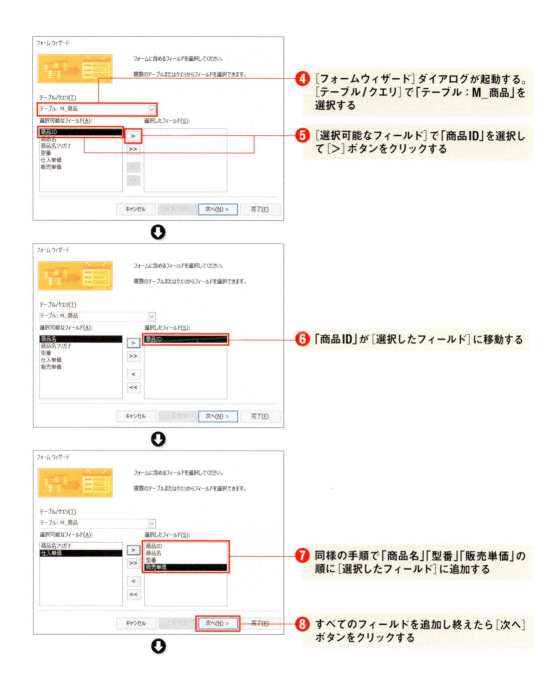

❹ ［フォームウィザード］ダイアログが起動する。［テーブル/クエリ］で「テーブル：M_商品」を選択する

❺ ［選択可能なフィールド］で「商品ID」を選択して［>］ボタンをクリックする

❻ 「商品ID」が［選択したフィールド］に移動する

❼ 同様の手順で「商品名」「型番」「販売単価」の順に［選択したフィールド］に追加する

❽ すべてのフィールドを追加し終えたら［次へ］ボタンをクリックする

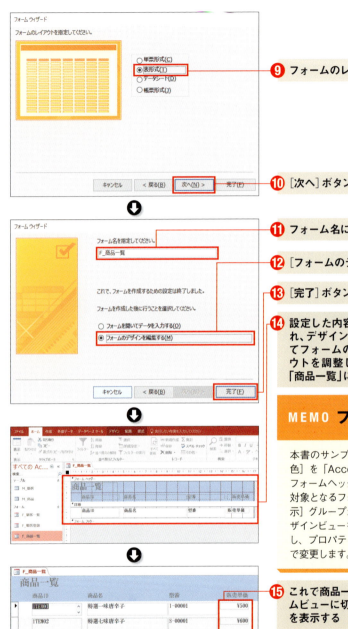

⑨ フォームのレイアウトは［表形式］を選択する

⑩ ［次へ］ボタンをクリックする

⑪ フォーム名に「F_商品一覧」と入力する

⑫ ［フォームのデザインを編集する］を選択する

⑬ ［完了］ボタンをクリックする

⑭ 設定した内容に沿って一覧フォームが作成され、デザインビューで表示される。必要に応じてフォームのサイズやコントロールのレイアウトを調整しておく。ヘッダーのタイトルを「商品一覧」に変更する

MEMO フォームヘッダーの背景色

本書のサンプルでは、フォームヘッダーの［背景色］を「Accessテーマ4」に変更しています。フォームヘッダーの背景色を変更するには、まず、対象となるフォームを選択し、［ホーム］タブの［表示］グループから［デザインビュー］を選択してデザインビューを開きます。フォームヘッダーを選択し、プロパティシートの［書式］タブの［背景色］で変更します。

⑮ これで商品一覧フォームの土台が完成。フォームビューに切り替えて、登録されているデータを表示する

MEMO フォントについて

ここでは表示用のフォントを初期設定の「MSゴシック」から「HGP明朝E」に変更しています。フォントを変更するには、［ホーム］タブの［テキストの書式設定］グループでフォント名の右にある［▼］をクリックしてフォントを選択します。

2 フォームに移動するボタンを追加する

次に商品一覧フォームから商品登録フォームに移動するボタンを組み込みます。顧客一覧フォームと同じように、コマンドボタンウィザードを使ってボタンを配置しましょう。

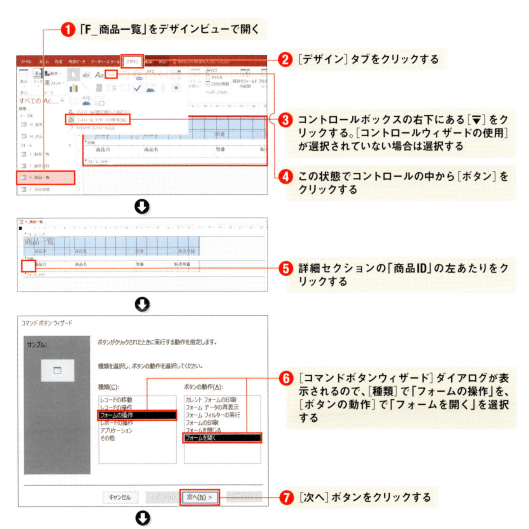

❶「F_商品一覧」をデザインビューで開く
❷ [デザイン] タブをクリックする
❸ コントロールボックスの右下にある [▼] をクリックする。[コントロールウィザードの使用] が選択されていない場合は選択する
❹ この状態でコントロールの中から [ボタン] をクリックする
❺ 詳細セクションの「商品ID」の左あたりをクリックする
❻ [コマンドボタンウィザード] ダイアログが表示されるので、[種類] で「フォームの操作」を、[ボタンの動作] で「フォームを開く」を選択する
❼ [次へ] ボタンをクリックする

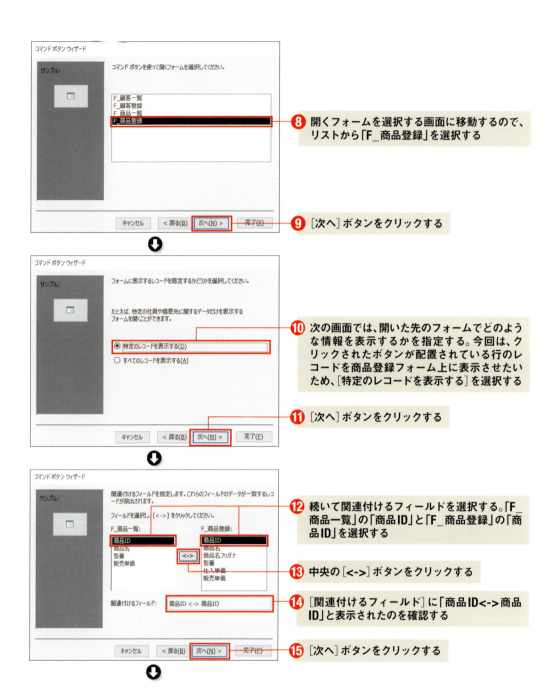

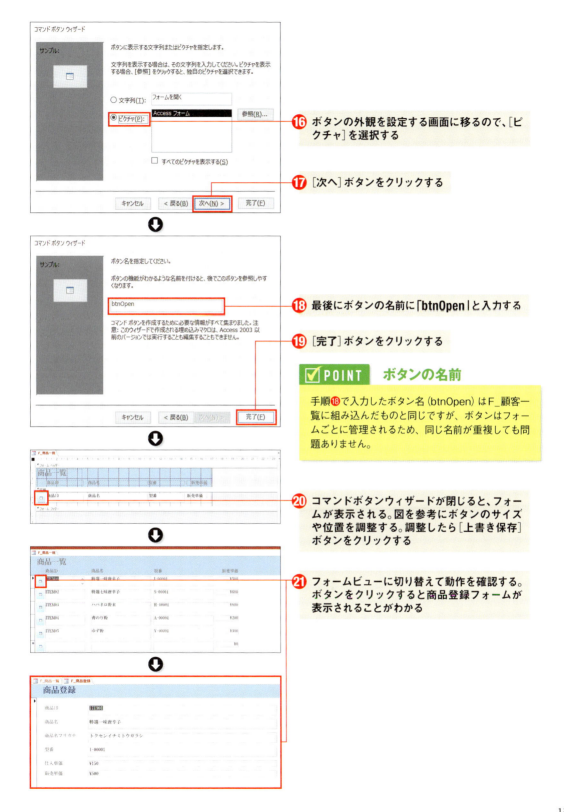

05 商品管理サブシステムを使用する

前節までで商品管理サブシステムが完成しました。動作確認を兼ねて、完成したシステムを実際に使用してみましょう。

1 商品情報を新規登録する

❶ 商品登録フォーム（F_商品登録）を開く

❷ レコード移動ボタンの［新しい（空の）レコード］をクリックする

❸ フィールドにデータを入力する

❹ 最後のフィールドで［Tab］キーを押すか、［レコード移動］ボタンから［次のレコード］ボタンをクリックして入力内容を確定する

2 商品情報を編集する

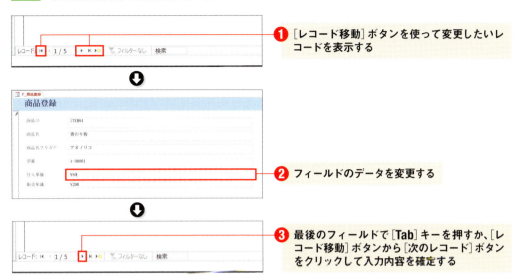

① [レコード移動]ボタンを使って変更したいレコードを表示する

② フィールドのデータを変更する

③ 最後のフィールドで[Tab]キーを押すか、[レコード移動]ボタンから[次のレコード]ボタンをクリックして入力内容を確定する

3 商品情報を削除する

① [レコード移動]ボタンを使って削除したいレコードを表示する

② レコードセレクタをクリックしてレコードを選択する

③ [Delete]キーを押し、ダイアログで[はい]ボタンをクリックする

4 商品情報を表示する

❶ 商品一覧フォーム（F_商品一覧）を開く

❷ 任意のレコードの先頭のボタンをクリックする

❸ 商品登録フォームへ移動する

Chapter 7

受注情報管理
サブシステムを作る

Chapter 7では販売管理システムの目玉機能、受注情報管理サブシステムを作成します。
受注情報管理サブシステムは、Chapter 5～6で作成した顧客管理や商品管理とはひとあじ違います。開発の難易度もやや高めですが、1つ1つ順を追って作成していきましょう。

01 受注情報管理サブシステムを作成する準備

このChapterで作成する受注情報管理サブシステムについて説明します。

受注情報管理サブシステムの開発

このChapterでは受注情報管理を行うためのサブシステムを開発します。

受注情報管理サブシステムは、ネット通販業務を効率よく進めていく上でとても重要な機能です。

また、この機能はChapter 5～6で作成した顧客管理サブシステムや商品管理サブシステムと比べると、システムの構成がやや複雑で難易度も高めです。

そこで、Chapter 3の02で解説した「データベースアプリケーション開発の流れ」を思い出しながら、順を追ってシステムを作成していきましょう。

受注情報管理サブシステムに必要な機能を洗い出す

システムを開発する際には、まずはシステム開発の目的を明らかにし、その上でシステムにどのような機能が必要となるかを洗い出していくのでした。

そこで、受注情報管理サブシステムに必要となる機能を洗い出すために、ここで改めて受注情報管理サブシステムを開発する目的を明確にしておきましょう。

受注情報管理サブシステムを開発する目的は次のようなものです。

> ネット通販の受注情報を管理し、売上や利益をスムーズに把握できるようにする

この目的から、右図のような機能が必要であることが想像できます。

- 受注情報を登録する
- 受注情報を閲覧（表示）する
- 受注情報を変更する
- 受注情報を削除する

受注情報管理サブシステムに必要な機能

また、ネットショップですから、注文主（顧客）へ送る商品に同封する納品書を印刷する機能もあったほうが便利そうですね。そこで、次の機能も組み込んでおくことにします。

納品書を印刷する
受注情報管理サブシステムにさらに必要な機能

　これらの機能を実現するため、受注情報管理機能は次のような構成で作成することにします。
　前回と同じく登録画面と一覧画面をそれぞれ作成し、受注一覧画面からボタンをクリックすると、納品書が印刷プレビューモードで表示されるようにします。情報の検索／削除にはAccess標準の機能を利用します。

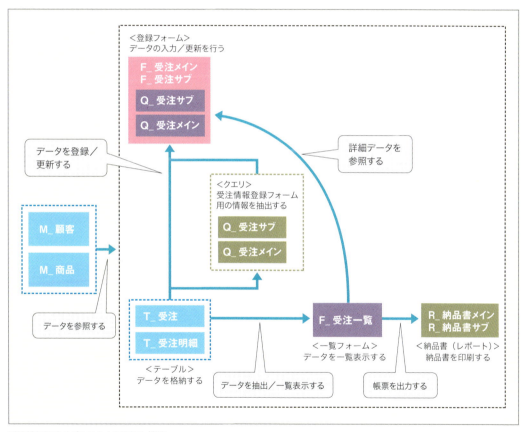

受注情報管理サブシステムの画面と機能

Chapter 02 テーブルの設計と作成

受注情報管理サブシステムの心臓部となるテーブルを設計し、作成してみましょう。

テーブルを設計する

機能の洗い出しができたら、設計にとりかかりましょう。

データベースアプリケーションを開発する際には、「画面」からデザインしていく方法と「データ構造（テーブル）」から考えていく方法とがありますが、今回はまずテーブルから設計していきます。

受注情報を管理するためのテーブルを設計するにあたり、考えるべきことがいくつかあります。1つ目は、そのテーブルでどのような情報を管理するかということ。そしてもう1つは、その情報をどのような形で管理するかということです。

顧客マスタや商品マスタのテーブル構造は、データベースにあまりなじみのない人にもイメージしやすいかもしれません。顧客や商品の情報は、Excelなどを使って横1列に並べて管理することもできますからね。

では、受注情報はどうでしょうか。テーブル上で受注情報がどのように表現されるかを想像するのは、少し難しくありませんか？ まずはネットショップが注文者に対して発行する納品書を参考にして、データの構造を考えてみましょう。

納品書は受注情報をもとに作成されるものです。逆に言えば、納品書を作成するためにどういう情報をどのような形で管理する必要があるかを考えることで、受注情報を管理するテーブルに持たせるべき情報の形が見えてきます。

> ✅ **POINT　データ構造は帳票から考える**
>
> データベースアプリケーションの開発において管理すべきデータの項目や構造を決めるときには、最終的にアウトプットされる帳票をもとネタとして考えていくとわかりやすいです。既存の帳票が存在する場合はそれを参考にし、まだない場合は「この業務を実施した結果どのような帳票を出力したいのか」というところから検討をスタートするのもよいでしょう。

ネットショップで買い物をしたことのある人は、商品に同封されてくる納品書を思い出してみてください。自社で発行している納品書がすでにある場合は、それを参照するのがよいでしょう。

店によってレイアウトや記載内容に異なる点はあるにせよ、ネットショップが発行する納品書はおおむね次ページの図のような内容で作られているはずです。

右図の上のほうに注文者の名前や住所、注文日、注文番号などが、中央には購入した商品の商品名や価格、数量、小計金額などが一覧表の形で記載されています。購入商品一覧の下に全商品の合計金額、送料、注文合計金額と送料とを足した総合計金額が表示されます。これらは右下の表のように、「A. 注文全体に関わる情報」と「B. 注文商品ごとの情報」の2つの種類に分けて考えることができます。

「A. 注文全体に関わる情報」は、1枚の納品書にそれぞれ一度ずつしか登場しません。これに対して「B. 注文商品ごとの情報」は、顧客が購入した商品の種類によって登場する回数が変わります。商品が1つだけなら1行だけ、10種類の商品が注文された場合は10行表示されることになります。

このように「一度しか登場しない」情報と「何回登場するかわからない」情報が混在している場合、リレーショナルデータベースでは、両者を別のテーブルで管理するのが一般的です。そこで今回は「A. 注文全体に関わる情報」を「受注」、「B. 注文商品ごとの情報」を「受注明細」という2つのテーブルで管理することにします。

納品書

注文日：2016/05/01

山田太郎　様

＜ご注文商品一覧＞

商品名	単価	数量	小計
万年筆	3,500 円	1	3,500 円
バインダー	800 円	3	2,400 円

合計　　　5,900 円
送料　　　　650 円
ご請求金額　6.550 円

文具の○×商店
TEL：000-000-0000
ご注文ありがとうございました。

一般的なネットショップの納品書

情報の種類	項目
A.注文全体に関わる情報	注文番号 注文日時 注文者情報（顧客名など） 配送料 全注文の合計金額 ショップの住所
B.注文商品ごとの情報	商品名 商品単価 数量 小計金額

情報の種類

受注テーブルは注文全体に関わる情報、次ページの納品書の図ではAの部分に記載されている情報を格納するためのテーブルです。そして、受注明細テーブルは納品書の図ではBの部分に記載されている情報を管理するためのテーブルで、注文された商品ごとの情報を格納します。

このように情報を2つのテーブルに分割した上で、受注明細テーブルに「その明細がどの受注情報と紐付くものなのか」を示す「受注ID」のフィールドを定義し、リレーションを使って2つのテーブルを関連付けます。1つの受注情報に複数の受注明細情報がぶら下がる、いわば受注テーブルと受注明細テーブルが親子関係になる構造で情報を管理します。

受注テーブルは、注文全体に関わる情報を格納するためのテーブルです。注文情報を識別するための注文番号、注文を受けた日付、注文者（顧客）の情報、それに備考を持たせます。注文者の情報は顧客マスタと紐付けて管理するため、受注テーブル側では顧客IDだけを保持します。顧客IDだけを保持しておけば、氏名や住所、電話番号などの情報は必要に応じて顧客マスタから取得することができます。

「全注文の合計金額」は受注テーブルには定義せず、受注明細側の情報をそのつど集計して表示させることにします。また、「ショップの住所」は基本的には常に同じものを表示すればよいため、今回はテーブルに情報を持たず、納品書のレポート上に固定の情報として書き込みます。

さらに、「出荷日時」と「配送伝票番号」「送料」も受注テーブルに合わせて定義しておきます。これらは受注処理のあとに行う「出荷」という業務に関する情報ですが、今回は受注テーブルで一緒に管理することにします。

　最後に「注文処理ステータス」は、注文の現在の処理状況を管理するものです。ネットショップの一般的な受注処理に合わせて、「入金待ち」「入金済み」「配送手配済」「出荷済」「配送案内済」の5つのステータスから選択できるようにします。

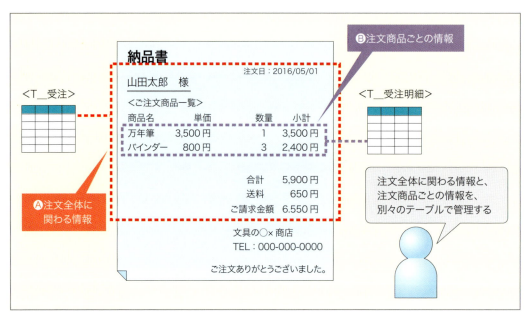

受注テーブルと受注明細テーブル

03 テーブルを作成する

受注情報を蓄積しておくための受注テーブルと受注明細テーブルを作成します。

受注テーブル

受注明細テーブル

作業の流れ

1. 受注テーブルを作成し、基本情報を設定する
2. 受注テーブルのルックアップを設定する（顧客IDフィールド）
3. リストボックスの項目（氏名）の並べ替え順を指定する
4. 受注テーブルのルックアップを設定する（注文処理ステータスフィールド）
5. 受注明細テーブルを作成し、基本情報を設定する
6. 受注明細テーブルのルックアップを設定する（商品IDフィールド）
7. リストボックスの項目（商品名）の並べ替え順を設定する
8. リレーションシップ
9. リレーションシップを設定する（T_受注とT_受注明細）
10. リレーションシップを設定する（T_受注とM_顧客）
11. リレーションシップを設定する（M_商品とT_受注明細）

　それでは、まずは受注情報を管理するためのテーブルから作成していきましょう。受注情報管理サブシステムは、Chapter 5～6で作成してきた販売管理データベースの中に作成します。

1 受注テーブルを作成し、基本情報を設定する

受注テーブルを作成して、基本情報を設定します。

❶ [作成]タブをクリックし、[テーブル]グループの[テーブル]をクリックして、販売管理データベースの中に新しいテーブルを1つ作成する

> **MEMO テーブルの作成**
>
> 新しいテーブルの作成方法はChapter 4の02を参照してください。

❷ テーブルを作成したら、下の表を参考に各フィールドのフィールド名やデータ型、主キーを設定する

❸ すべてのフィールドを設定し終えたら、テーブルに「T_受注」という名前を付けて保存する

主キー	フィールド名	データ型	サイズ	説明
○	ID	オートナンバー型	長整数型	受注情報を一意に特定するための情報。納品書に印刷する注文番号として利用する
	受注日時	日付/時刻型	—	注文を受けた日付を格納する
	顧客ID	数値型	長整数型	注文主である顧客の顧客IDを入力する
	注文処理ステータス	短いテキスト	255	注文の処理ステータスを入力する
	出荷日時	日付/時刻型	—	注文された商品を出荷した日時を入力する
	配送伝票番号	短いテキスト	255	配送伝票番号を入力する
	送料	数値型	長整数型	この注文を配送するための送料を入力する
	備考	長いテキスト	—	注文に関する備考を入力する

受注テーブルの設定

> **POINT テーブル名の「T_」**
>
> 受注情報は日々の業務から発生するトランザクション情報ですので、テーブル名の頭にトランザクションの「T_」を付けて定義しています。

> **MEMO フォントについて**
>
> ここでは表示用のフォントを初期設定の「MSゴシック」から「HGP明朝E」に変更しています。フォントを変更するには、[ホーム]タブの[テキストの書式設定]グループでフォント名の右にある[▼]をクリックしてフォントを選択します。

2 受注テーブルのルックアップを設定する（顧客IDフィールド）

ルックアップウィザードを使って顧客IDフィールドのルックアップを設定します。

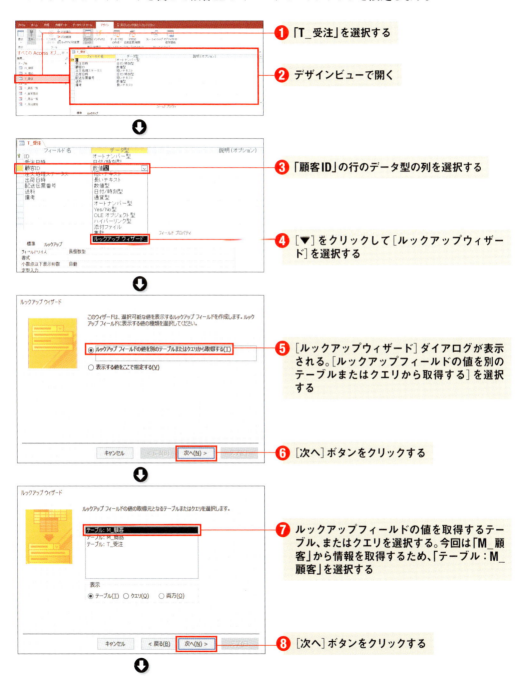

❶「T_受注」を選択する

❷ デザインビューで開く

❸「顧客ID」の行のデータ型の列を選択する

❹［▼］をクリックして［ルックアップウィザード］を選択する

❺［ルックアップウィザード］ダイアログが表示される。［ルックアップフィールドの値を別のテーブルまたはクエリから取得する］を選択する

❻［次へ］ボタンをクリックする

❼ ルックアップフィールドの値を取得するテーブル、またはクエリを選択する。今回は「M_顧客」から情報を取得するため、「テーブル：M_顧客」を選択する

❽［次へ］ボタンをクリックする

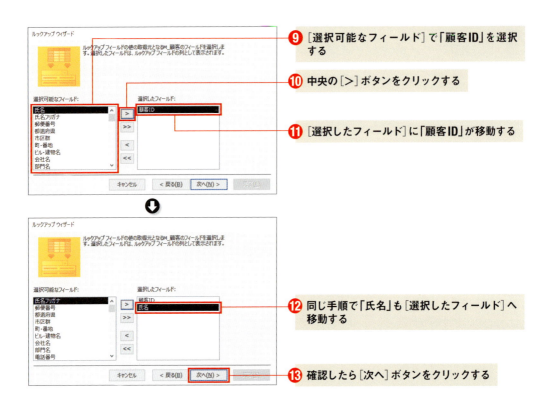

- ❾ [選択可能なフィールド]で「顧客ID」を選択する
- ❿ 中央の[>]ボタンをクリックする
- ⓫ [選択したフィールド]に「顧客ID」が移動する
- ⓬ 同じ手順で「氏名」も[選択したフィールド]へ移動する
- ⓭ 確認したら[次へ]ボタンをクリックする

3 リストボックスの項目（氏名）の並べ替え順を指定する

わかりやすいように氏名の昇順で並べ替えます。

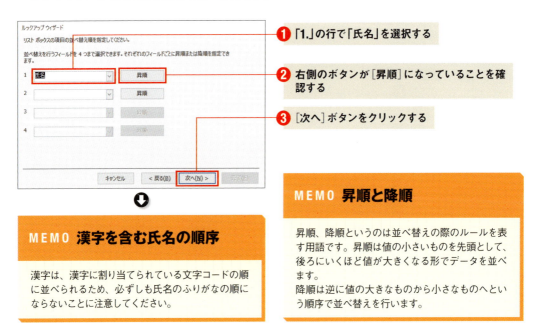

- ❶ 「1.」の行で「氏名」を選択する
- ❷ 右側のボタンが[昇順]になっていることを確認する
- ❸ [次へ]ボタンをクリックする

MEMO 漢字を含む氏名の順序

漢字は、漢字に割り当てられている文字コードの順に並べられるため、必ずしも氏名のふりがなの順にならないことに注意してください。

MEMO 昇順と降順

昇順、降順というのは並べ替えの際のルールを表す用語です。昇順は値の小さいものを先頭として、後ろにいくほど値が大きくなる形でデータを並べます。
降順は逆に値の大きなものから小さなものへという順序で並べ替えを行います。

✅POINT 「昇順」と「降順」を切り替える

[昇順]ボタンは一度クリックすると[降順]ボタンに変わります。[降順]ボタンになっている状態でもう一度クリックすると[昇順]ボタンに戻ります。

[降順]ボタンから[昇順]ボタンに切り替える

❹ 列の幅を指定する画面では[キー列を表示しない(推奨)]にチェックを入れる

❺ 必要に応じて列の幅を変更する

❻ [次へ]ボタンをクリックする

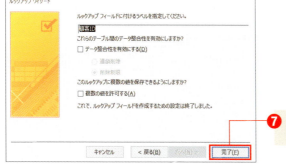

❼ 最後の画面では何も変更せず、[完了]ボタンをクリックする

⚠ CAUTION ⚠ テーブルの保存

テーブルを保存していない場合、テーブルを保存するよう促すメッセージが表示されます。その場合は[はい]ボタンをクリックして保存してください。

テーブルの保存

03 テーブルを作成する

4 受注テーブルのルックアップを設定する（注文処理ステータスフィールド）

続いて注文処理ステータスフィールドにもルックアップを設定します。こちらはルックアップウィザードを使わず手動で設定します。

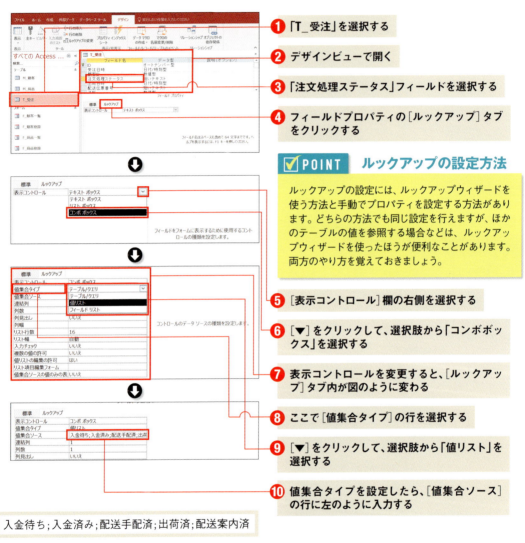

入金待ち;入金済み;配送手配済;出荷済;配送案内済

手順❿で入力する内容

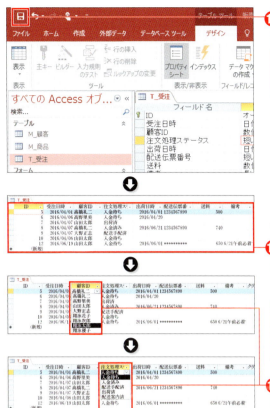

⓫ [上書き保存] ボタンをクリックして、テーブルへの変更を保存する

MEMO フォームヘッダーの背景色

本書のサンプルでは、フォームヘッダーの [背景色] を「Access テーマ4」に変更しています。フォームヘッダーの背景色を変更するには、まず、対象となるフォームを選択し、[ホーム] タブの [表示] グループから [デザインビュー] を選択してデザインビューを開きます。フォームヘッダーを選択し、プロパティシートの [書式] タブの [背景色] で変更します。

⓬ 完成した受注テーブルをデータシートビューで開いて、データを入力する

サンプルデータ

サンプルデータのIDは都合により5から開始しています。

⓭ 「顧客ID」と「注文処理ステータス」はドロップダウン式のリストから値を選択できるようになっているのがわかる

5 受注明細テーブルを作成し、基本情報を設定する

続いて受注明細テーブルを作成します。

受注明細は注文された商品ごとの情報を格納するテーブルで、商品ID、商品名、商品の単価、購入数量の4つの情報を保持します。商品名は商品マスタに登録されているものを参照するので、受注明細テーブルには商品IDだけを定義し、ルックアップを使って商品名を参照させることにします。

商品の単価も商品マスタに登録されている情報ですが、値引きへの対応を考えて、今回は受注明細にも単価のフィールドを定義し、実際の販売価格を保持することにします。

このほか、受注明細にはIDと受注IDという2つのフィールドを持たせます。IDフィールドはこの受注明細情報を一意に特定するためのID番号です。受注IDは、その受注明細情報の親となる受注情報のIDを保持するためのフィールドです (P.148を参照)。

それでは、受注明細テーブルを作成しましょう。T_受注を作成したときと同じように販売管理データベースを開いて作業を行います。

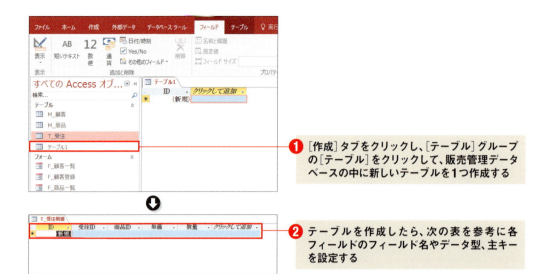

❶ [作成]タブをクリックし、[テーブル]グループの[テーブル]をクリックして、販売管理データベースの中に新しいテーブルを1つ作成する

❷ テーブルを作成したら、次の表を参考に各フィールドのフィールド名やデータ型、主キーを設定する

主キー	フィールド名	データ型	サイズ	説明
○	ID	オートナンバー型	長整数型	受注明細情報を一意に特定するための情報
	受注ID	数値型	長整数型	受注明細情報を受注テーブルの親レコードと紐付けるため、受注テーブルのIDを入力する。関連付けるフィールドのデータ型と合わせて数値型で定義する
	商品ID	短いテキスト	255	注文された商品の商品IDを入力する
	単価	通貨型	ー	注文された商品の単価を入力する
	数量	数値型	長整数型	商品の注文個数を入力する

受注明細テーブル

❸ すべてのフィールドを設定し終えたら、テーブルに「T_受注明細」という名前を付けて保存する

6 受注明細テーブルのルックアップを設定する（商品IDフィールド）

続いて受注明細テーブルのフィールドにルックアップの設定を行います。受注明細テーブルでは商品IDフィールドにのみルックアップを設定します。

❶ 「T_受注明細」をデザインビューで開く

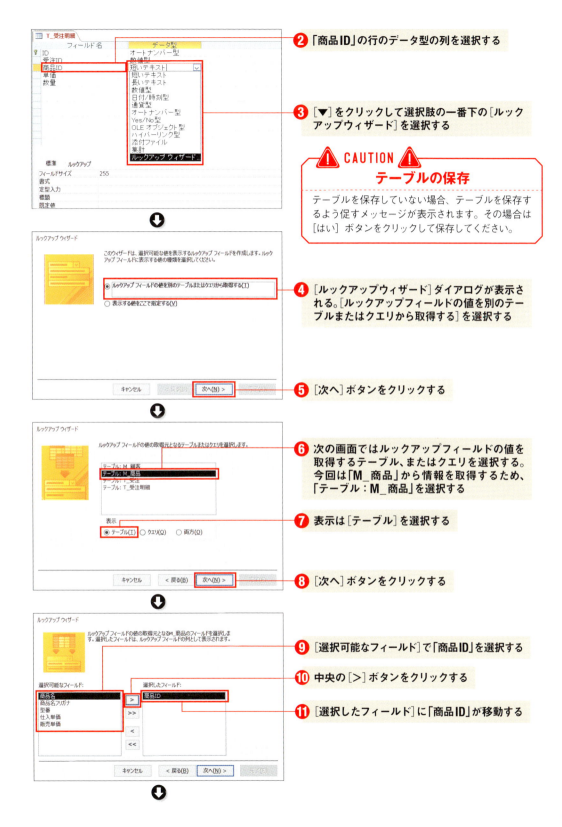

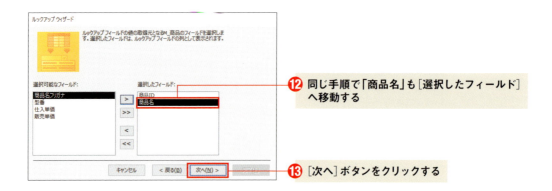

⓬ 同じ手順で「商品名」も[選択したフィールド]へ移動する

⓭ [次へ]ボタンをクリックする

7 リストボックスの項目(商品名)の並べ替え順を設定する

リストボックスの項目の並べ替え順を指定します。

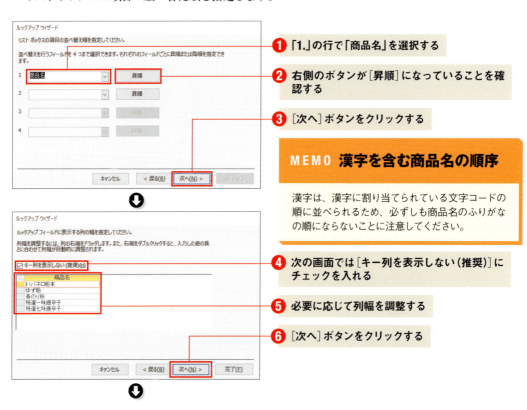

❶ 「1.」の行で「商品名」を選択する

❷ 右側のボタンが[昇順]になっていることを確認する

❸ [次へ]ボタンをクリックする

> **MEMO 漢字を含む商品名の順序**
>
> 漢字は、漢字に割り当てられている文字コードの順に並べられるため、必ずしも商品名のふりがなの順にならないことに注意してください。

❹ 次の画面では[キー列を表示しない(推奨)]にチェックを入れる

❺ 必要に応じて列幅を調整する

❻ [次へ]ボタンをクリックする

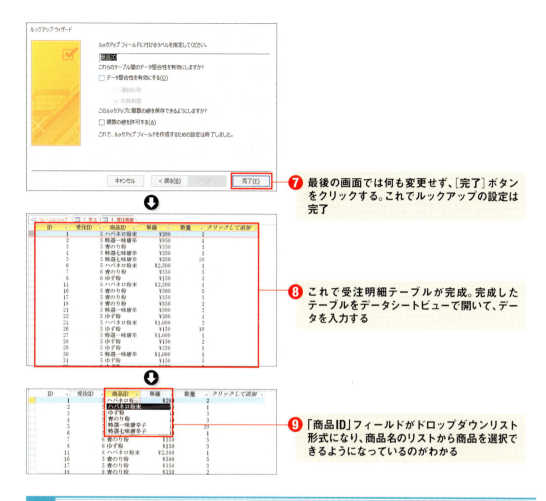

8 リレーションシップ

　テーブルを作成したら、受注テーブルと受注明細テーブルを関連付けるためにリレーションシップの設定を行います。

　リレーションシップとは、複数のテーブルを関連付けるための仕組みです。

　このChapterで作成する受注情報管理サブシステムでは、受注に関する情報をT_受注とT_受注明細という2つのテーブルに分けて管理することにしました。T_受注テーブルで1件の受注全体に関する情報を管理し、その受注に含まれる購入商品の受注明細情報をT_受注明細テーブルで管理して、両者をT_受注テーブルのIDとT_受注明細テーブルの受注IDで紐付けるという想定です。

　しかし、2つのテーブルを作成しただけで何の設定も行わなければ、両者の間に関係があることはAccessにはわかりません。そこで、リレーションシップを定義して、T_受注とT_受注明細の間の関連を明らかにします。

　また、注文者（顧客）の情報や販売した商品の情報を顧客マスタや商品マスタから参照するため、これらのテーブルとの間のリレーションシップも併せて定義します。

それではリレーションシップを定義しましょう。まずはリレーションシップを設定するための準備をします。次の手順に従って操作を行ってください。

❶ [データベースツール] タブをクリックする

❷ [リレーションシップ] グループの [リレーションシップ] をクリックする

❸ [リレーションシップ] タブが開く

> **MEMO　ルックアップの設定とリレーションシップ**
>
> ルックアップによりほかのテーブルのフィールドを参照するように設定すると、参照先のテーブルとのリレーションシップが設定されます。この場合は、M_顧客とT_受注、M_商品とT_受注明細の間にリレーションシップが設定されていることを示す結合線が表示されます。

MEMO　リレーションシップを定義していない場合

はじめてリレーションシップを定義する場合、[リレーションシップ] タブが開く前に [テーブルの表示] ダイアログが表示されます。下図に示す手順でリレーションシップを設定するテーブル（M_顧客、M_商品、T_受注、T_受注明細）を追加してください。
なお、[テーブルの表示] ダイアログが自動的に表示されない場合は、[デザイン] タブの [テーブルの表示] をクリックして表示します。

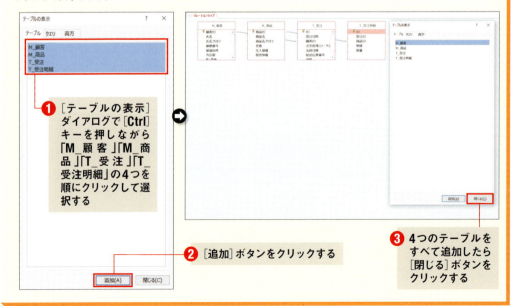

❶ [テーブルの表示] ダイアログで [Ctrl] キーを押しながら「M_顧客」「M_商品」「T_受注」「T_受注明細」の4つを順にクリックして選択する

❷ [追加] ボタンをクリックする

❸ 4つのテーブルをすべて追加したら [閉じる] ボタンをクリックする

9 リレーションシップを設定する（T_受注とT_受注明細）

はじめにT_受注とT_受注明細の間にリレーションシップを設定します。

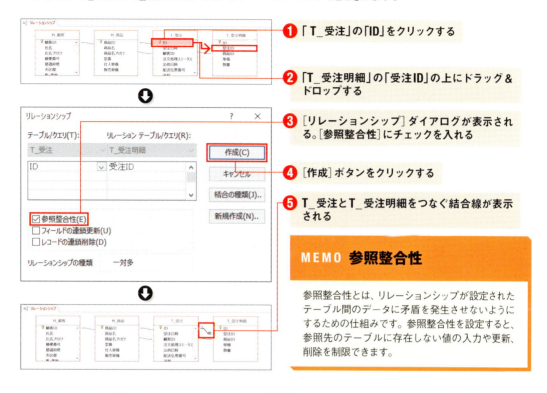

❶ 「T_受注」の「ID」をクリックする

❷ 「T_受注明細」の「受注ID」の上にドラッグ＆ドロップする

❸ [リレーションシップ]ダイアログが表示される。[参照整合性]にチェックを入れる

❹ [作成]ボタンをクリックする

❺ T_受注とT_受注明細をつなぐ結合線が表示される

MEMO　参照整合性

参照整合性とは、リレーションシップが設定されたテーブル間のデータに矛盾を発生させないようにするための仕組みです。参照整合性を設定すると、参照先のテーブルに存在しない値の入力や更新、削除を制限できます。

10 リレーションシップを設定する（T_受注とM_顧客）

続いて、T_受注とM_顧客の間にリレーションシップを設定します。

❶ 「M_顧客」の「顧客ID」をクリックする

❷ 「T_受注」の「顧客ID」の上にドラッグ＆ドロップする

既存のリレーションシップを編集するかどうかを確認するダイアログ

ルックアップによりリレーションシップが設定されている場合、既存のリレーションシップを編集するかどうかを確認するダイアログが表示されます。その場合は、[はい]ボタンをクリックします。

既存のリレーションシップを編集することを確認するダイアログ

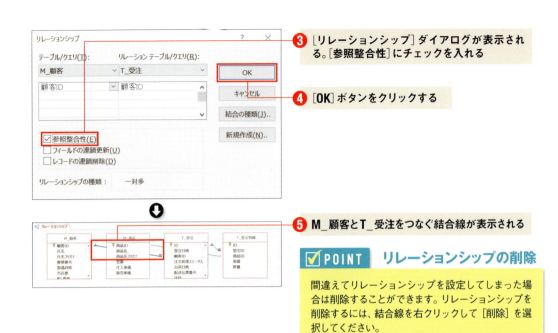

11 リレーションシップを設定する（M_商品とT_受注明細）

最後にM_商品とT_受注明細の間にリレーションシップを設定します。

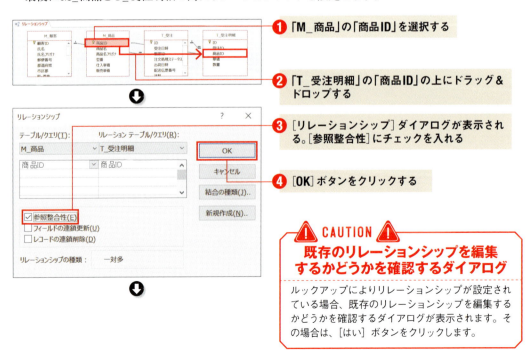

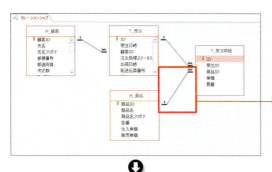

❺ **M_商品とT_受注明細をつなぐ結合線が表示される**[*1]

❻ **[上書き保存]ボタンをクリックしてリレーションシップのレイアウトを保存する**

❼ **右側の[×]ボタンをクリックしてリレーションシップウィンドウを閉じる。これでリレーションシップの設定は完了**

✓ POINT リレーションシップの効果

リレーションシップはただ設定しただけでは効果を実感しづらいですが、このあとで説明するクエリを作成すると、そのありがたみがわかります。

COLUMN

リレーションシップの種類

リレーションシップには1対多、多対多、1対1などの種類がありますが、今回作成した3つのリレーションシップはいずれも1対多のリレーションシップです。
1対多のリレーションシップでは、テーブルAの1つのレコードがテーブルBの複数のレコードに対応します。たとえばT_受注とT_受注明細の場合、T_受注の1件のレコードにT_受注明細の複数のレコードが紐付きます。
M_顧客とT_受注では、M_顧客の1件のレコードにT_受注の複数のレコードが紐付きます。
なお、多対多のリレーションシップと1対1のリレーションシップは本書では取り扱いません。

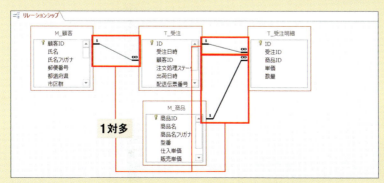

1対多のリレーションシップ

[*1] どこからどこへの結合線なのかわかりやすいように、テーブルの位置を変更しています。

04 受注情報登録フォームを作成する

受注テーブルと受注明細テーブルを利用して、受注情報登録フォームを作成しましょう。

受注情報登録フォーム

作業の流れ

1. メインフォーム用クエリを作成する
2. クエリにフィールドを追加する
3. T_受注の顧客IDから参照される情報を追加する
4. 並べ替え順を設定する
5. 受注情報登録フォームを作成する
6. サブフォーム用クエリを作成する
7. 受注情報登録のサブフォームを作成する
8. メインフォームにサブフォームを設置する
9. 受注明細の合計金額を表示する
10. 合計請求金額を表示する

受注情報登録フォームの構造

　続いて、前節で作成した受注テーブルと受注明細テーブルを利用して、受注情報登録フォームを作成しましょう。

　受注情報登録フォームは、受注情報の登録、更新、および参照を行うためのフォームです。これまでに作成した顧客登録フォーム、商品登録フォームは土台となるテーブルが1つだけでしたが、今回はT_受注とT_受注明細の2つのテーブルの情報を1つのフォームで扱うため、サブフォームというコントロールを使用します。

　メインフォームとサブフォームをそれぞれ別のフォームとして作成し、メインフォームの中にサブフォームを埋め込みます。

> **MEMO メインフォームとサブフォーム**
>
> サブフォームはほかのフォームの中に入れ子のような形で挿入されるフォームです。サブフォームの挿入先となるもとのフォームは「メインフォーム」と呼びます。
> メインフォームとサブフォームは「親フォーム」「子フォーム」と呼ばれることもあります。

 CAUTION
扱うテーブルについて

実際にはM_顧客テーブルとM_商品も参照しますが、ここでは主となるテーブルということでT_受注とT_受注明細の2つを挙げています。

1 メインフォーム用クエリを作成する

はじめにメインフォームのデータソースとなるクエリを作成します。

クエリを使うと、テーブルに登録されているデータから必要なフィールドだけを抜き出して表示したり、指定した条件に合致するレコードだけを抽出したりすることができます。

また、リレーションシップが設定されている複数のテーブルを組み合わせてクエリを作ると、2つのテーブルを結合した結果を、あたかも1つのテーブルのように扱うことが可能です。

ここでは、受注情報登録のメインフォームの部分のデータソースとなるクエリを作成します。

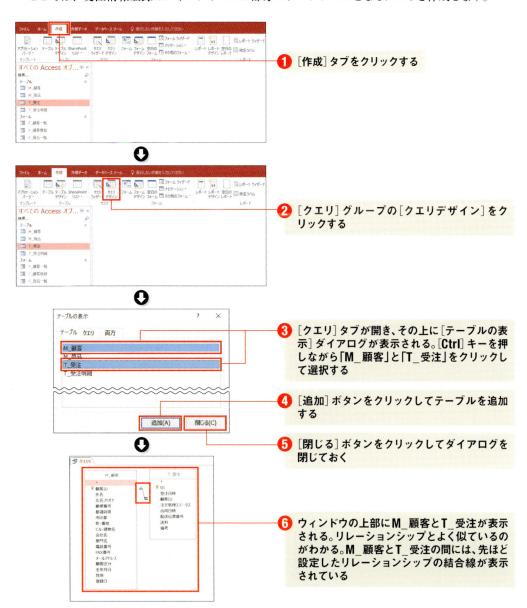

❶ [作成]タブをクリックする

❷ [クエリ]グループの[クエリデザイン]をクリックする

❸ [クエリ]タブが開き、その上に[テーブルの表示]ダイアログが表示される。[Ctrl]キーを押しながら「M_顧客」と「T_受注」をクリックして選択する

❹ [追加]ボタンをクリックしてテーブルを追加する

❺ [閉じる]ボタンをクリックしてダイアログを閉じておく

❻ ウィンドウの上部にM_顧客とT_受注が表示される。リレーションシップとよく似ているのがわかる。M_顧客とT_受注の間には、先ほど設定したリレーションシップの結合線が表示されている

2 クエリにフィールドを追加する

このクエリで使用するフィールドを追加します。フィールドを追加するには、テーブルのフィールド名をウィンドウ下部のデザイングリッドにドラッグ＆ドロップします。

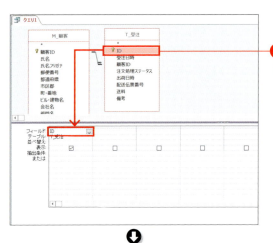

❶「T_受注」の「ID」をクリックしてデザイングリッドにドラッグ＆ドロップする

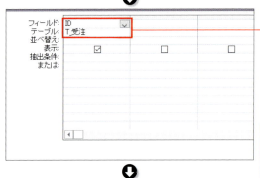

❷ 図のようにフィールド名とテーブル名が表示される

❸ 同様の手順で「受注日時」「顧客ID」「注文処理ステータス」「出荷日時」「配送伝票番号」「送料」「備考」も追加する

✓POINT 複数のフィールドをまとめて追加する

複数のフィールドを一度にまとめて追加することも可能です。複数のフィールドを選択するには、[Ctrl]キーを押しながらフィールド名をクリックします。この状態でフィールドをデザイングリッドにドラッグ＆ドロップすると、選択されたすべてのフィールドがデザイングリッドに表示されます。

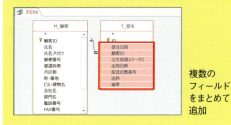

複数のフィールドをまとめて追加

3 T_受注の顧客IDから参照される情報を追加する

次に、T_受注の顧客IDから参照される情報を追加します。顧客情報の実体はM_顧客に登録されていますので、M_顧客から必要なフィールドを追加します。

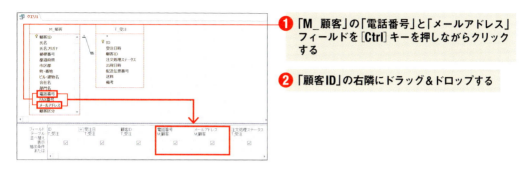

❶ 「M_顧客」の「電話番号」と「メールアドレス」フィールドを[Ctrl]キーを押しながらクリックする

❷ 「顧客ID」の右隣にドラッグ&ドロップする

4 並べ替え順を設定する

フィールドを追加し終えたら、並べ替え順を設定しておきましょう。

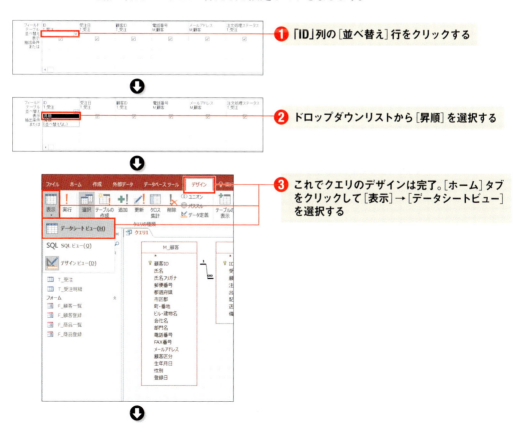

❶ 「ID」列の[並べ替え]行をクリックする

❷ ドロップダウンリストから[昇順]を選択する

❸ これでクエリのデザインは完了。[ホーム]タブをクリックして[表示]→[データシートビュー]を選択する

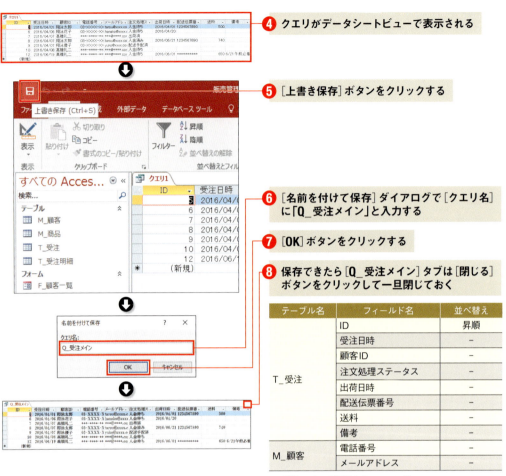

5 受注情報登録フォームを作成する

受注情報登録フォーム（メインフォーム）を作成します。これまでに作成してきたフォームはテーブルをデータソースとして作成しましたが、今回は先ほど作成したクエリ「Q_受注メイン」をデータソースとしてフォームを作成しましょう。

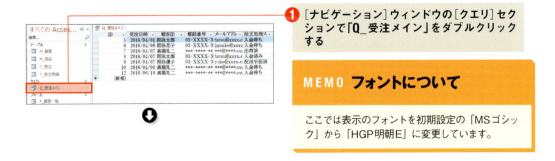

❶ [ナビゲーション]ウィンドウの[クエリ]セクションで「Q_受注メイン」をダブルクリックする

MEMO フォントについて

ここでは表示のフォントを初期設定の「MSゴシック」から「HGP明朝E」に変更しています。

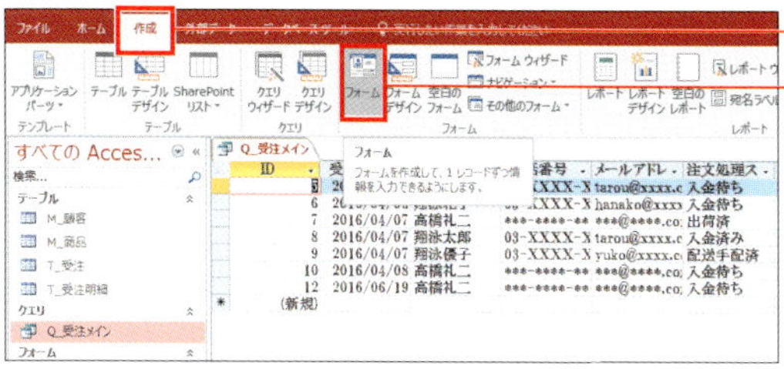

04 受注情報登録フォームを作成する

❷ [作成] タブをクリックする

❸ [フォーム] グループの中の [フォーム] をクリックする

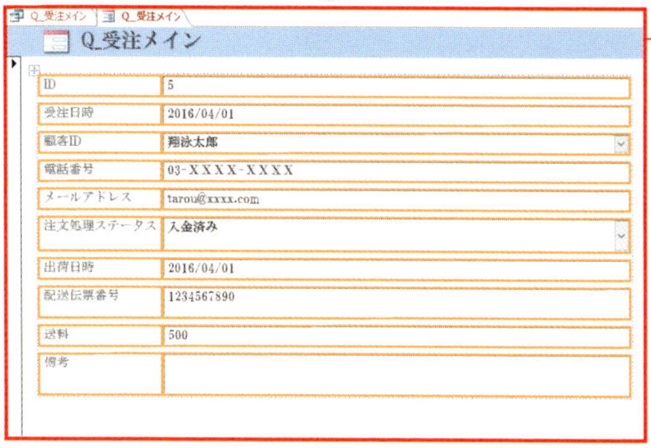

❹ 「Q_受注」クエリをもとにしてフォームが自動作成される

MEMO フォームヘッダーの背景色

本書のサンプルでは、フォームヘッダーの [背景色] を「Access テーマ4」に変更しています。

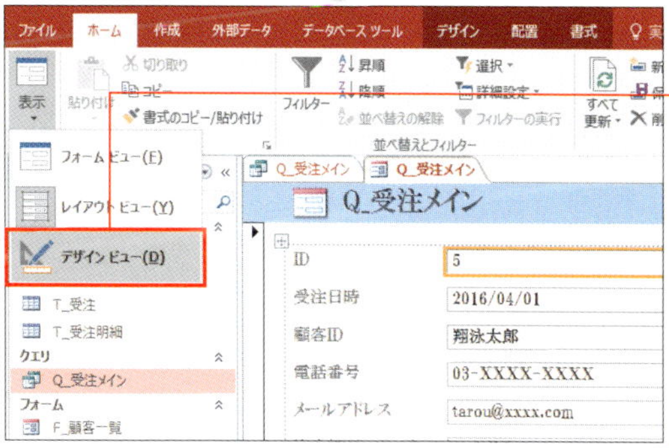

❺ フォームをデザインビューに切り替える

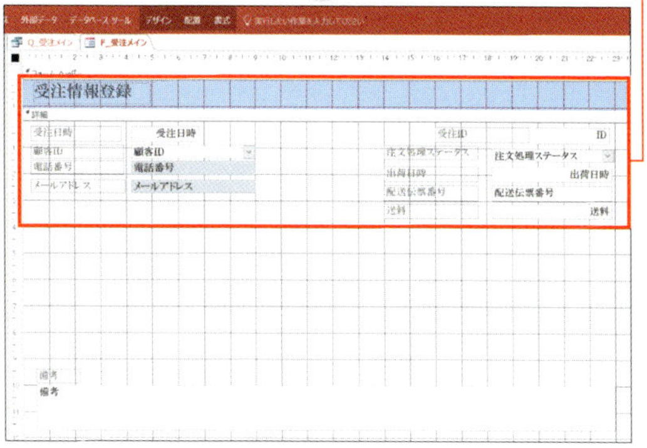

❻ コントロールのレイアウトを調整する。このあとで画面下部にサブフォームを組み込むので、図を参考に画面上部にコントロールを寄せて配置する。ヘッダー名も「Q_受注メイン」から「受注情報登録」に修正する

MEMO レイアウトの調整

本書のサンプルでは、各テキストボックスの書式（プロパティシートの [書式] タブ）を次のように変更しています。

- 「電話番号」「メールアドレス」：[背景色] を「見出し（淡色）」に変更
- 「送料」：[書式] を「通貨」、[文字位置] を「右」に変更
- 「出荷日時」「受注日時」「受注ID」：[文字位置] を「右」に変更

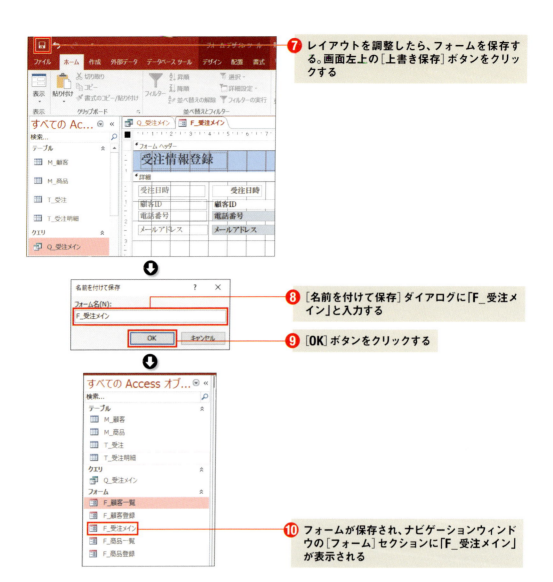

6 サブフォーム用クエリを作成する

サブフォームのもととなるクエリを作成します。

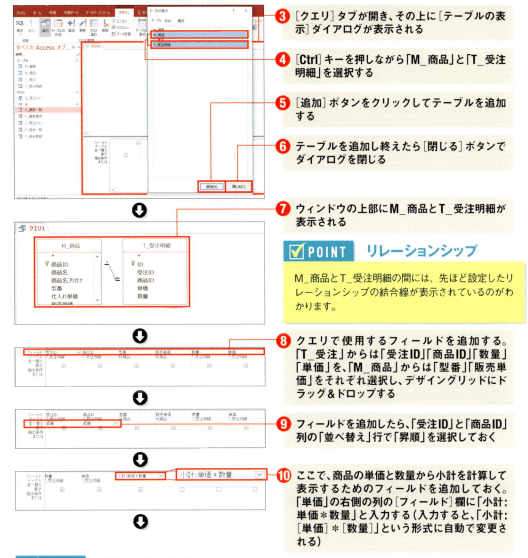

❸ [クエリ]タブが開き、その上に[テーブルの表示]ダイアログが表示される

❹ [Ctrl]キーを押しながら「M_商品」と「T_受注明細」を選択する

❺ [追加]ボタンをクリックしてテーブルを追加する

❻ テーブルを追加し終えたら[閉じる]ボタンでダイアログを閉じる

❼ ウィンドウの上部にM_商品とT_受注明細が表示される

✅ POINT　リレーションシップ

M_商品とT_受注明細の間には、先ほど設定したリレーションシップの結合線が表示されているのがわかります。

❽ クエリで使用するフィールドを追加する。「T_受注」からは「受注ID」「商品ID」「数量」「単価」を、「M_商品」からは「型番」「販売単価」をそれぞれ選択し、デザイングリッドにドラッグ&ドロップする

❾ フィールドを追加したら、「受注ID」と「商品ID」列の「並べ替え」行で「昇順」を選択しておく

❿ ここで、商品の単価と数量から小計を計算して表示するためのフィールドを追加しておく。「単価」の右側の列の[フィールド]欄に「小計:単価*数量」と入力する(入力すると、「小計:[単価]*[数量]」という形式に自動で変更される)

✅ POINT　計算結果を表示する

クエリの機能を利用すると、1つあるいは複数のフィールドの値をもとに計算した結果を新しいフィールドとして表示できます。このような列を追加したい場合は、デザイングリッドのフィールド欄に右の書式で指定します。

フィールド名:計算式

:の右の「計算式」の部分には、そのフィールドに表示させたい値を式の形で指定します。今回は「単価」フィールドと「数量」フィールドを掛けた値を表示させたいため、「単価*数量」としていますが、Accessの関数を利用することで、もっと複雑な式を指定することもできます。
たとえば、右のように指定すると、単価が販売単価よりも低い場合は"割引"と表示させることができます。

割引:IIf([単価]<[販売単価],"割引","")

Accessの関数については専門の書籍が多数出版されているほか、インターネット上でもさまざまな情報が公開されています。より高度な処理を実現したい方は、ぜひ勉強してみてください。

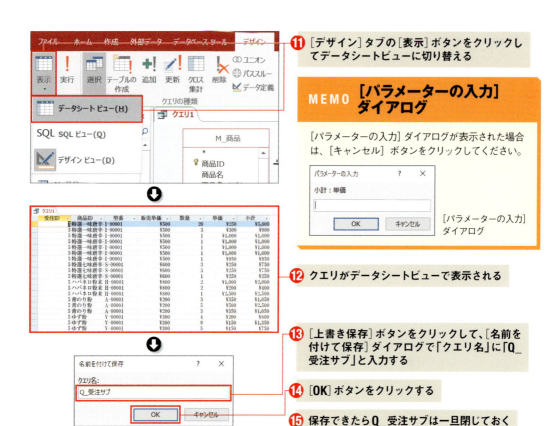

テーブル名	フィールド名	並べ替え
T_受注明細	受注ID	昇順
	商品ID	昇順
	単価	−
	数量	−
M_商品	型番	−
	販売単価	−
(手動で追加)	小計:[単価]*[数量]	−

Q_受注サブで使用するフィールド

7 受注情報登録のサブフォームを作成する

「Q_受注サブ」クエリをデータソースとして、受注情報登録のサブフォームを作成しましょう。このフォームは「F_受注メイン」フォームの中にサブフォームとして埋め込み、受注明細テーブルに登録されている情報を表示します。

サブフォームは表形式のフォームとして作成します。

表形式のフォーム

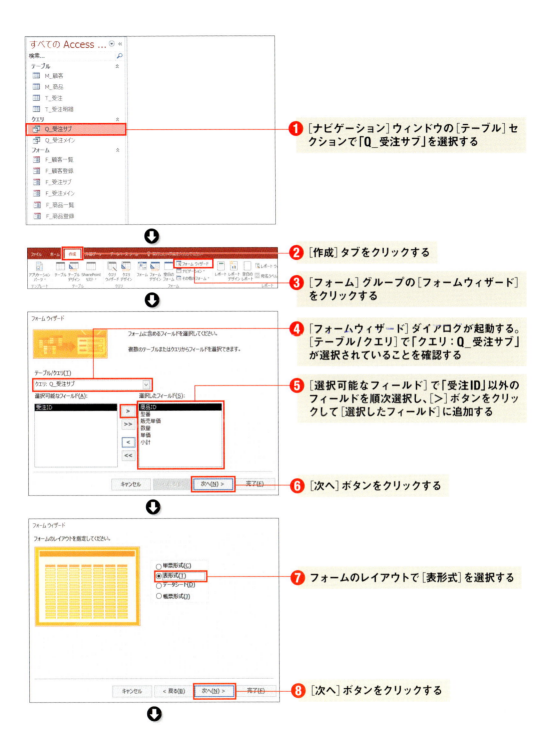

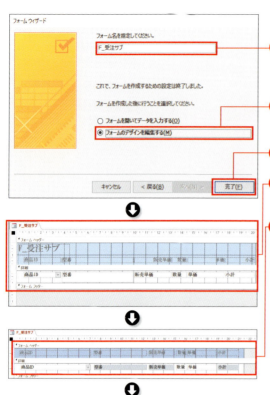

❾ フォーム名に「F_受注サブ」と入力する

❿ ［フォームのデザインを編集する］を選択する

⓫ ［完了］ボタンをクリックする

⓬ 設定した内容に沿って一覧フォームが作成され、デザインビューで表示される

⓭ 図を参考にフォームのサイズやコントロールのレイアウトを調整しておく

MEMO レイアウトの調整

本書のサンプルでは、表示用のフォントを「HGP明朝E」、フォームヘッダーの［背景色］を「Accessテーマ4」に変更しています。
また、「型番」「販売単価」「小計」のテキストボックスの［背景色］を「見出し（淡色）」に変更しています。

POINT フォームタイトルを削除する

左図のフォームはF_受注メインの中に組み込まれるため、フォームタイトルは必要ありません。左上に表示されているタイトルを削除し、表のヘッダー（フィールド名のラベル）だけが表示されるようにしましょう。

コントロール	プロパティ	設定値
フォーム	移動ボタン	いいえ
	スクロールバー	垂直のみ
型番（テキストボックス）	編集ロック	はい
販売単価（テキストボックス）	編集ロック	はい
小計（テキストボックス）	編集ロック	はい

コントロールごとの設定

⓮ プロパティシートの［すべて］タブを開き、左の表に従ってコントロールの設定を行う

⓯ これで受注情報登録サブフォームの土台は完成。［上書き保存］ボタンをクリックして保存する。フォームビューに切り替えて、登録されているデータを表示する

POINT サブフォームに表示されるレコード

この段階では、T_受注明細に登録されているすべてのデータが表示されます。このあとでF_受注メインにサブフォームとして埋め込む際に必要な設定を行うと、「T_受注」のIDに対応する「T_受注明細」のレコードだけがサブフォーム上に表示されるようになります。

POINT コントロールを参照専用にする

フォーム上で変更しない／させたくない値は、コントロールを参照専用にしておくと、誤操作を防ぐことができます。コントロールを参照専用にするには、プロパティシートで［データ］タブ（または［すべて］タブ）を開き、［編集ロック］を「はい」に変更してください。

8 メインフォームにサブフォームを設置する

2つのフォームが完成したら、F_受注メインにF_受注サブを埋め込んで、受注情報登録フォームを完成させます。

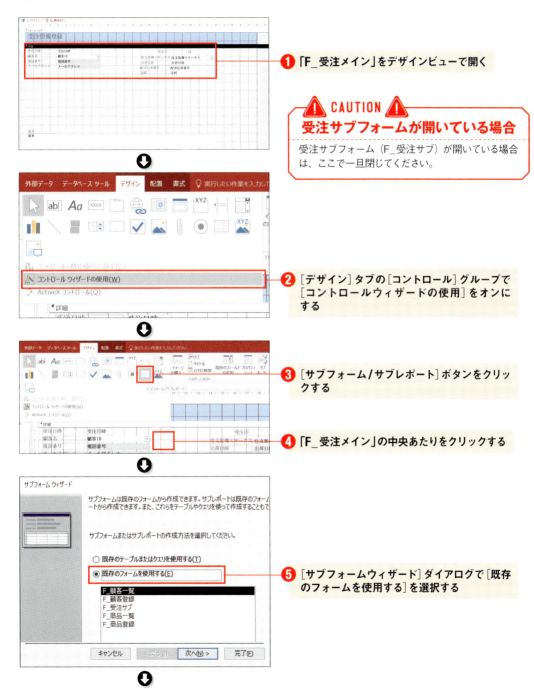

❶「F_受注メイン」をデザインビューで開く

⚠ CAUTION ⚠
受注サブフォームが開いている場合
受注サブフォーム（F_受注サブ）が開いている場合は、ここで一旦閉じてください。

❷ [デザイン] タブの [コントロール] グループで [コントロールウィザードの使用] をオンにする

❸ [サブフォーム/サブレポート] ボタンをクリックする

❹「F_受注メイン」の中央あたりをクリックする

❺ [サブフォームウィザード] ダイアログで [既存のフォームを使用する] を選択する

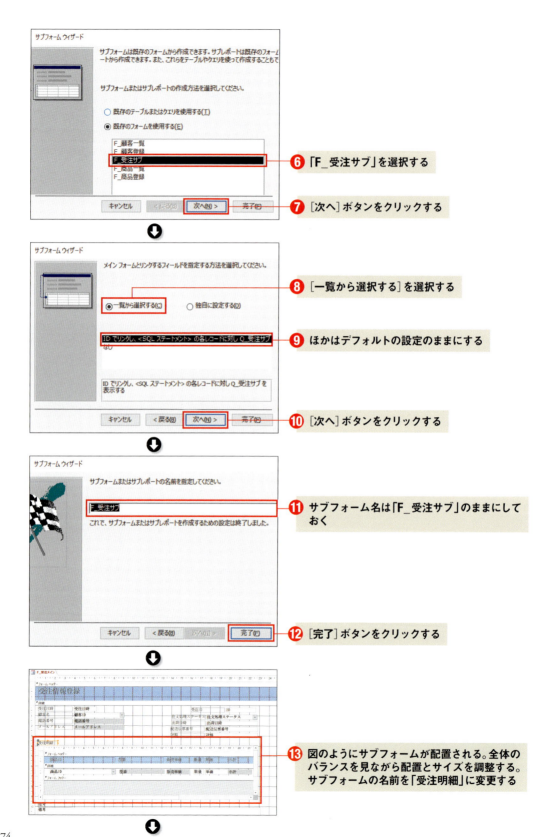

⑭ これでサブフォームの設置は完了。[上書き保存]ボタンをクリックして保存する。「F_受注メイン」をフォームビューで表示して、動作を確認する

⑮ 「商品名(商品ID)」で商品を選択すると型番、販売単価が自動でセットされる

⚠ CAUTION ⚠
「引数が無効です」のエラーが表示された場合

フォームの操作時に「引数が無効です」というエラーメッセージが表示される場合は、次のサポートページを参考にデータベースの修正を行ってください[*1]。
URL http://support.microsoft.com/kb/2480088/ja

⑯ また「単価」欄と「数量」欄に数値を入力すると、「小計」の欄に単価×数量の計算結果が表示される

9 受注明細の合計金額を表示する

次に、サブフォーム内に表示されている注文商品の合計金額を表示する機能を組み込んでみましょう。この機能は非連結コントロールを利用して実現します。

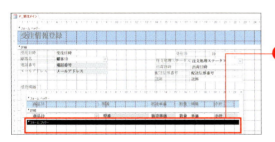

❶ 「F_受注メイン」をデザインビューで開き、サブフォームのフォームフッターを表示する

✓ POINT　フォームフッターが表示されていない場合

フォームフッターはサブフォームの下のほうにあります。表示されていない場合は、スクロールバーでスクロールして表示してください。

フォームフッターを表示

[*1] この現象は、別のデータベースからテーブルをコピー&ペーストした場合に発生することが確認されています。本書の手順どおりに作業している場合は問題ありません。

❷ [デザイン]タブの[コントロール]グループで[コントロールウィザードの使用]をオフにする

❸ [テキストボックス]をクリックする

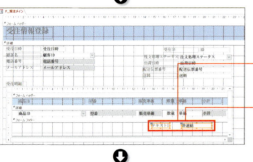

❹ サブフォームのフォームフッターセクション上をクリックする

❺ テキストボックスを配置する

❻ プロパティシートで次の表のとおりにラベルとテキストボックスのプロパティを設定する

タブ	プロパティ名	値
書式	標題	合計金額

ラベルのプロパティ

タブ	プロパティ名	値
書式	書式	通貨
データ	コントロールソース	=Sum([小計])
	編集ロック	はい
すべて	名前	合計金額

合計金額テキストボックスのプロパティ

❼ フォームをフォームビューで表示する。注文明細の小計欄の合計値が「合計金額」テキストボックスに表示される

> ⚠ CAUTION ⚠
> **合計金額テキストボックスの値**
>
> 合計金額テキストボックスの値は、各行のレコードの変更が確定されたタイミングで変わります。Accessでは、現在選択されているレコードから前後のレコードに移動したタイミングでレコードの変更が確定されます。合計金額の値の変更もこのタイミングとなりますので、注意してください。

> **MEMO フォントについて**
>
> ここでは表示用のフォントを初期設定の「MSゴシック」から「HGP明朝E」に変更しています。

10 合計請求金額を表示する

続いて、メインフォーム側にテキストボックスを追加します。こちらのテキストボックスには、「合計金額」と「送料」を足した合計請求金額を表示させます。

❶「F_受注メイン」をデザインビューで開く

❷ [デザイン] タブを開き、[コントロール] グループで [コントロールウィザードの使用] をオフにする

❸ [テキストボックス] をクリックする

❹ サブフォームのヘッダーセクションの上をクリックする

❺ ラベルとテキストボックスを配置する

❻ **プロパティシートで次の表のとおりにラベルとテキストボックスのプロパティを設定する**

タブ	プロパティ名	値
書式	標題	合計請求金額

ラベルのプロパティ

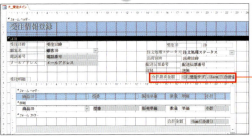

タブ	プロパティ名	値
書式	書式	通貨
データ	コントロールソース	=[F_受注サブ].[Form]![合計金額]+[送料]
データ	編集ロック	はい

合計請求金額テキストボックスのプロパティ

❼ **図を参考にテキストボックスのレイアウトを変更する**

MEMO レイアウトの調整

「合計請求金額」のテキストボックスの「背景色」を「見出し（淡色）」に変更しています。

❽ **「F_受注メイン」をフォームビューで表示して動作を確認する**

05 受注一覧フォームを作成する

受注情報を一覧するフォームを作成しましょう。このフォームから受注情報登録画面へ遷移したり、納品書を印刷したりします。

作業の流れ

1. 受注一覧フォームを作成する
2. コントロールを参照専用にする
3. フォームの設定を変更する
4. 受注情報登録フォームへ移動するボタンを追加する
5. ボタンの機能を編集する
6. 動作を確認する

受注一覧フォーム

受注一覧フォームとは

受注情報登録フォームが完成したら、次は受注一覧フォームを作成します。

受注一覧フォームは受注情報を一覧表示するためのフォームです。受注担当者が注文の一覧を確認して、個々の注文の処理状況をひとめで把握するために必要な情報だけをコンパクトに配置します。

また、受注一覧フォームと受注情報登録フォームとの間をスムーズに移動できるような仕組みも組み込みます。

1 受注一覧フォームを作成する

フォームウィザード機能を利用して受注一覧フォームを作成します。

❶ [ナビゲーション] ウィンドウの [テーブル] セクションで「T_受注」を選択する

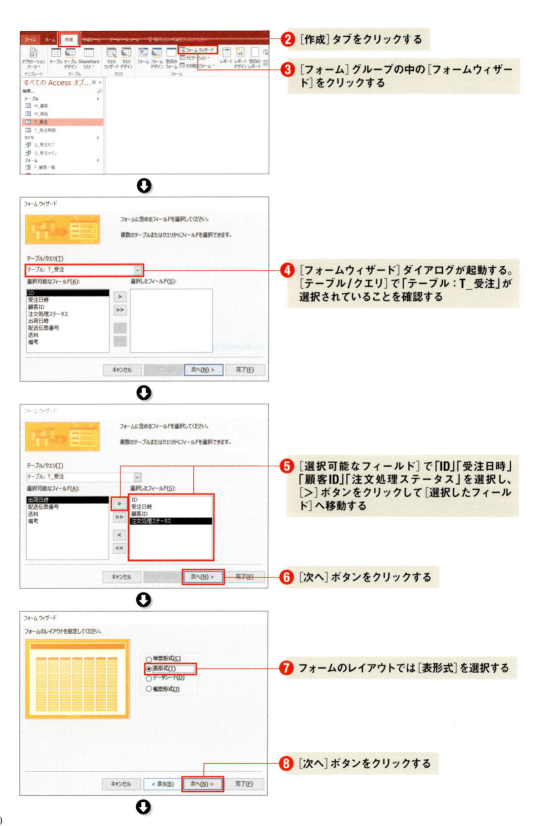

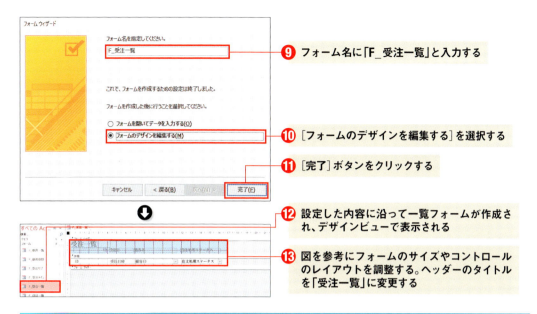

2 コントロールを参照専用にする

「注文処理ステータス」以外のフィールドを参照専用にします。

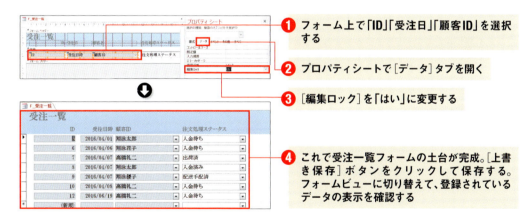

3 フォームの設定を変更する

受注一覧フォームは既存の受注情報を参照するために使うもので、ここから新しいレコードを追加したり、レコードを削除したりすることはありません。

そこで、このフォームからの新規レコードの追加を許可しない設定を行っておきましょう。

❷ プロパティシートで[データ]タブを開き、次の表のとおりに設定する

タブ	プロパティ名	値
データ	追加の許可	いいえ
	削除の許可	いいえ

追加／削除の許可のプロパティ

4 受注情報登録フォームへ移動するボタンを追加する

次に、受注一覧フォームから受注情報登録フォームに移動するボタンを組み込みます。ボタンの組み込みにはコマンドボタンウィザードを使いましょう。

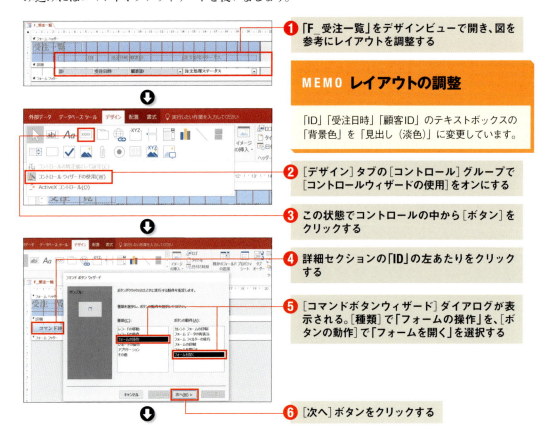

❶ 「F_受注一覧」をデザインビューで開き、図を参考にレイアウトを調整する

MEMO レイアウトの調整

「ID」「受注日時」「顧客ID」のテキストボックスの「背景色」を「見出し（淡色）」に変更しています。

❷ [デザイン]タブの[コントロール]グループで[コントロールウィザードの使用]をオンにする

❸ この状態でコントロールの中から[ボタン]をクリックする

❹ 詳細セクションの「ID」の左あたりをクリックする

❺ [コマンドボタンウィザード]ダイアログが表示される。[種類]で「フォームの操作」を、[ボタンの動作]で「フォームを開く」を選択する

❻ [次へ]ボタンをクリックする

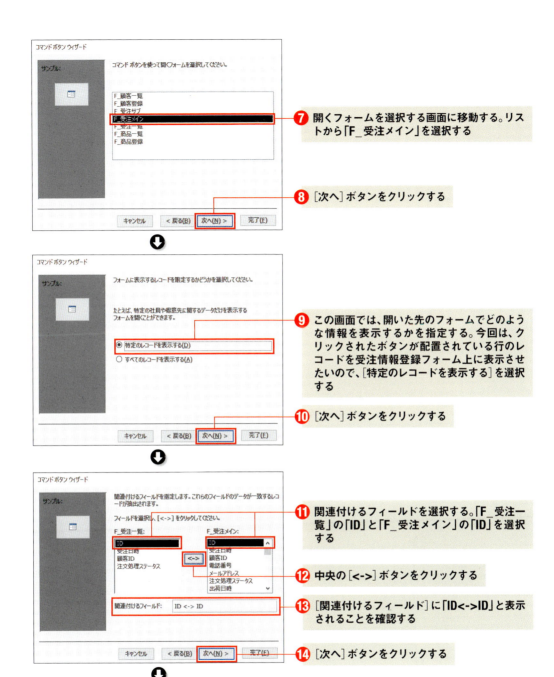

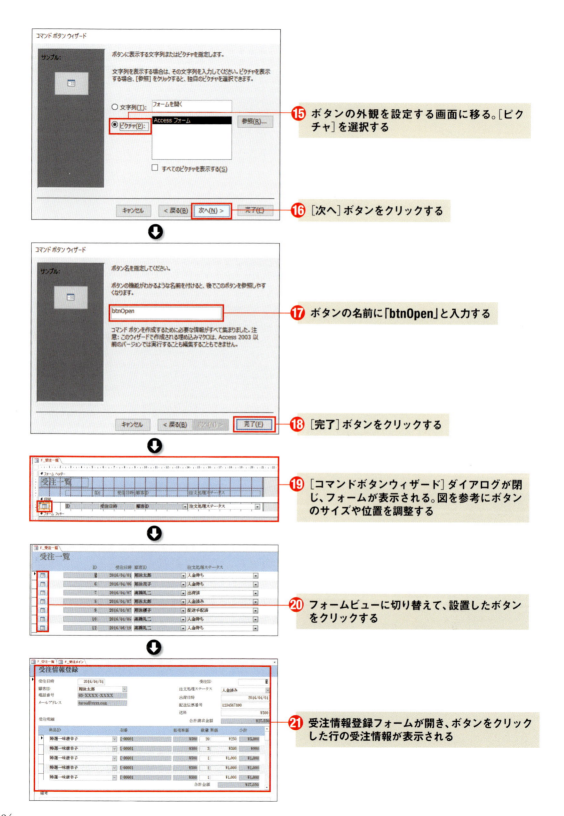

5 ボタンの機能を編集する

　これで、受注一覧フォームから受注情報登録フォームへ簡単に移動できるようになりました。しかし、このままでは少し不都合があります。ためしに次のような操作を行ってください。

1. 受注一覧フォームで注文処理ステータスを変更してボタンをクリック
2. 受注情報登録フォームが開かれたあと、注文処理ステータスを変更してフォームを閉じる

　前述の1と2の操作はともに、一方の画面で行った注文処理ステータスの変更が、もう一方の画面に反映されません。これでは少々不便ですので、ボタンの機能を修正します。
　ボタンがクリックされたときにフォームを開く機能はマクロで実現していますので、そのマクロの内容を編集します。

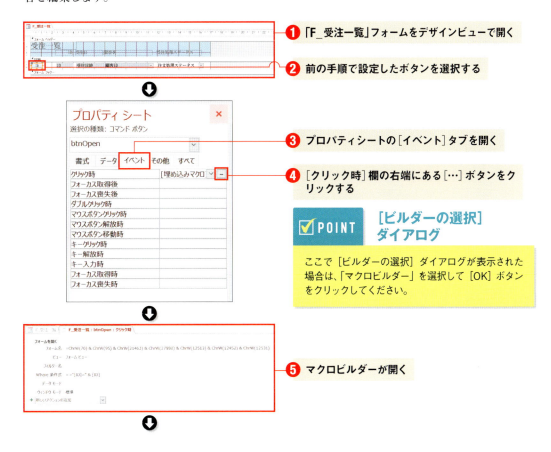

❶ 「F_受注一覧」フォームをデザインビューで開く

❷ 前の手順で設定したボタンを選択する

❸ プロパティシートの[イベント]タブを開く

❹ [クリック時]欄の右端にある[…]ボタンをクリックする

POINT [ビルダーの選択]ダイアログ

ここで[ビルダーの選択]ダイアログが表示された場合は、「マクロビルダー」を選択して[OK]ボタンをクリックしてください。

❺ マクロビルダーが開く

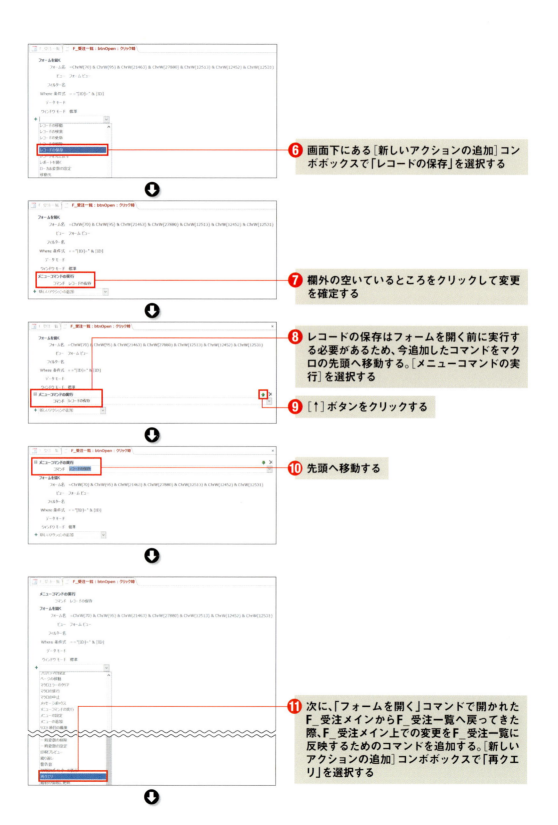

⑫ 欄外の空いているところをクリックして変更を確定する

⑬ これでマクロの編集は完了。[上書き保存]ボタンをクリックしてから[閉じる]ボタンでマクロウィンドウを閉じる

6 動作を確認する

設定したマクロの動作を実際に確認しましょう。

❶「F_受注一覧」をフォームビューに切り替えて動作を確認する。受注情報登録フォームを開くボタンをクリックする

❷ 受注情報登録フォームが表示される

❸「F_受注一覧」で「注文処理ステータス」を変更する(ここでは「配送手配済」に変更)

❹ 受注情報登録フォームを開くボタンをクリックする

❺「F_受注メイン」の注文処理ステータスも変更される(「配送手配済」に変更されている)

❻「F_受注メイン」で注文処理ステータスを変更してフォームを閉じる

❼「F_受注一覧」へ戻ったときも、同様に変更が反映される

06 納品書出力機能を作成する

顧客に送付する納品書を作成／出力するための機能を作成しましょう。

作業の流れ

1. 納品書レポートを作成する
2. レポートの詳細設定を行う
3. レポートを開くボタンを設置する
4. R_納品書メインのデータソースを修正する

納品書出力機能を作成する

前節までで受注情報管理サブシステムで使用するテーブルとフォームがひととおり完成しました。最後に、注文主（顧客）へ送る商品に同封する納品書を作成し、フォーム上からレポートを出力する機能を組み込んでみましょう。

納品書の出力機能はレポートを使って作成します。受注一覧フォームにボタンを設置し、このボタンをクリックするとレポートが印刷プレビューモードで表示されるような仕組みにします。

1 納品書レポートを作成する

それでは作業にとりかかりましょう。まずは納品書レポートを作成します。この納品書レポートに表示する内容は、受注情報登録フォームに表示されているものとほぼ同じです。Accessには既存のフォームをレポートとして保存する便利な機能がありますので、これを利用して納品書レポートを作成します。

受注情報登録フォームはメインフォームとサブフォームの2つで構成されていました。これから作成するレポートも同じようにメインレポートとサブレポートで構成しますので、2つのフォームをそれぞれレポートとして保存し直します。

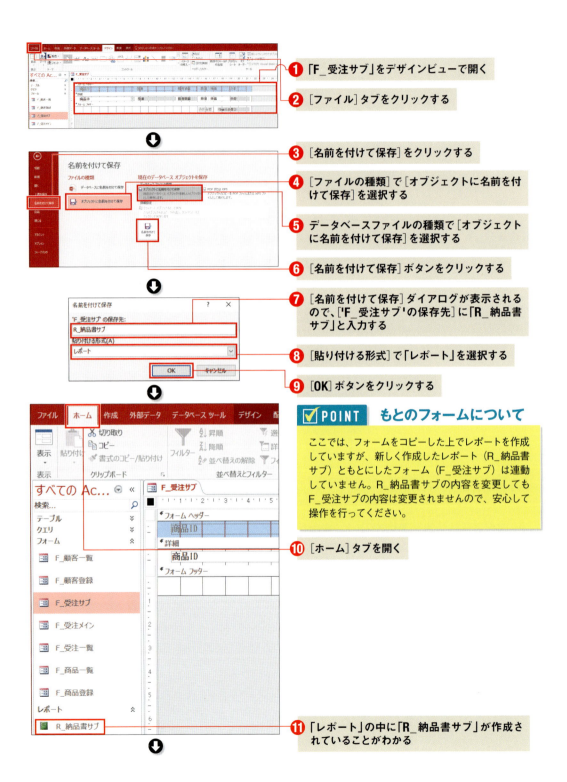

06 納品書出力機能を作成する

⑫ 同じ手順で「F_受注メイン」を「R_納品書メイン」として保存する。これでレポートの土台が完成する

2 レポートの詳細設定を行う

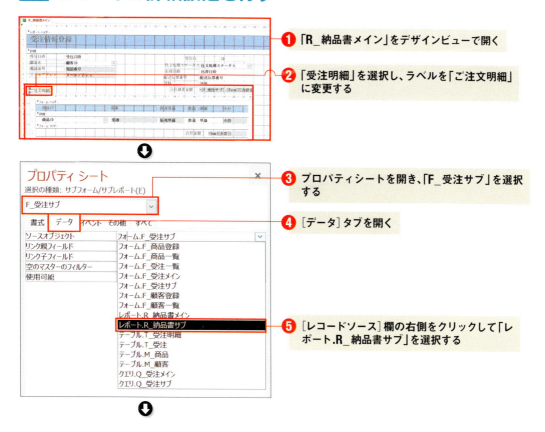

❶「R_納品書メイン」をデザインビューで開く

❷「受注明細」を選択し、ラベルを「ご注文明細」に変更する

❸ プロパティシートを開き、「F_受注サブ」を選択する

❹［データ］タブを開く

❺［レコードソース］欄の右側をクリックして「レポート.R_納品書サブ」を選択する

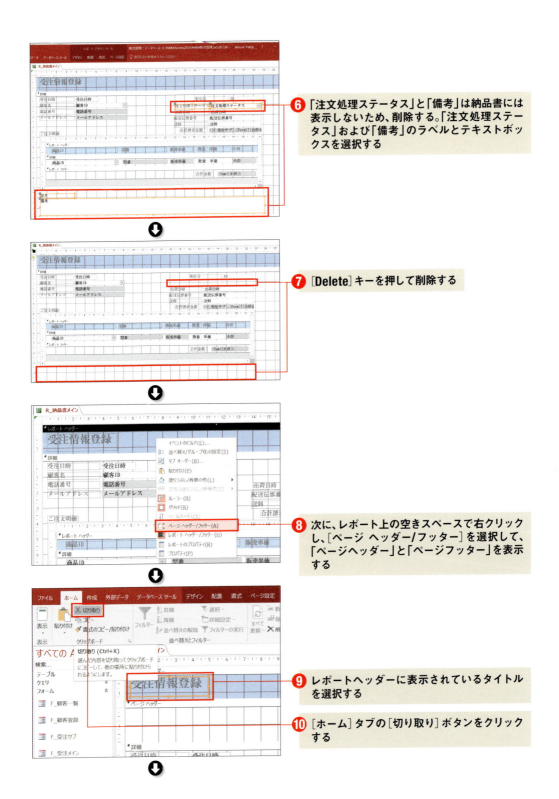

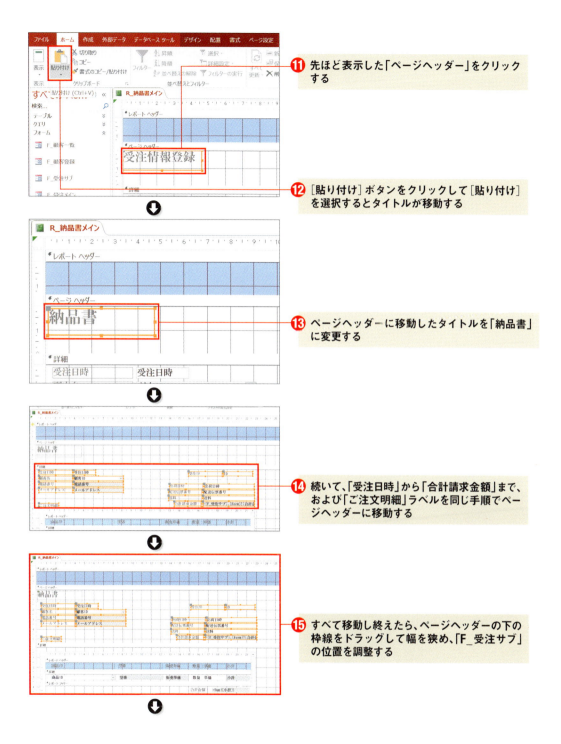

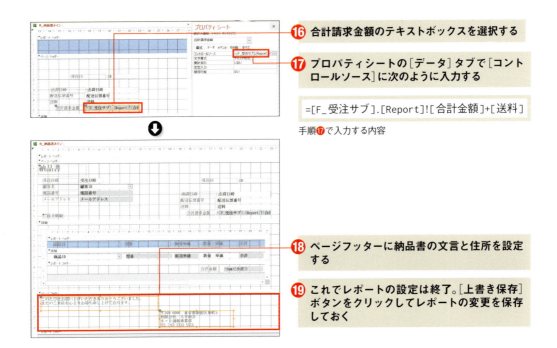

⑯ 合計請求金額のテキストボックスを選択する

⑰ プロパティシートの[データ]タブで[コントロールソース]に次のように入力する

=[F_受注サブ].[Report]![合計金額]+[送料]

手順⑰で入力する内容

⑱ ページフッターに納品書の文言と住所を設定する

⑲ これでレポートの設定は終了。[上書き保存]ボタンをクリックしてレポートの変更を保存しておく

3 レポートを開くボタンを設置する

続いて、作成したレポートを開くためのボタンを受注一覧フォーム上に配置しましょう。

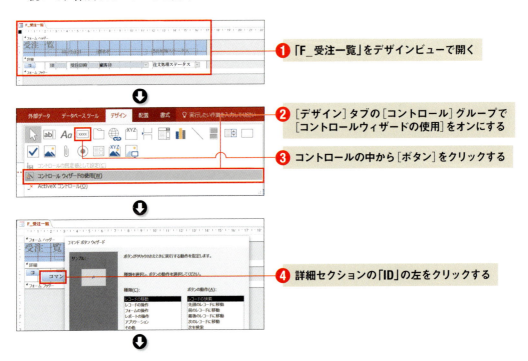

❶ 「F_受注一覧」をデザインビューで開く

❷ [デザイン]タブの[コントロール]グループで[コントロールウィザードの使用]をオンにする

❸ コントロールの中から[ボタン]をクリックする

❹ 詳細セクションの「ID」の左をクリックする

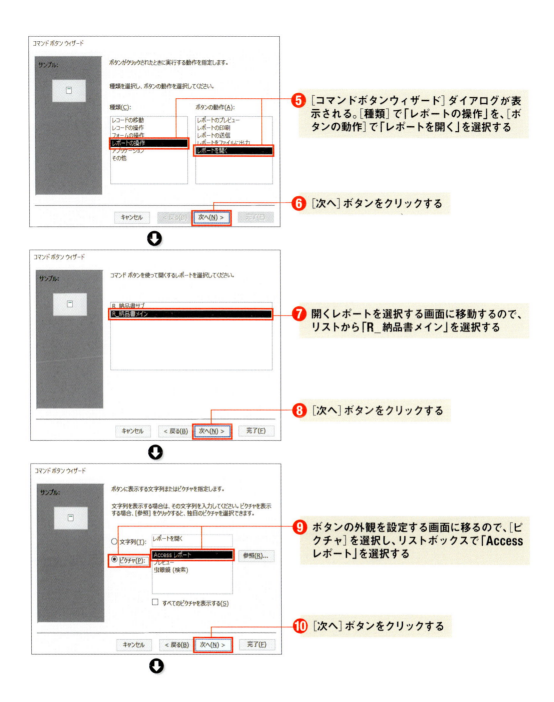

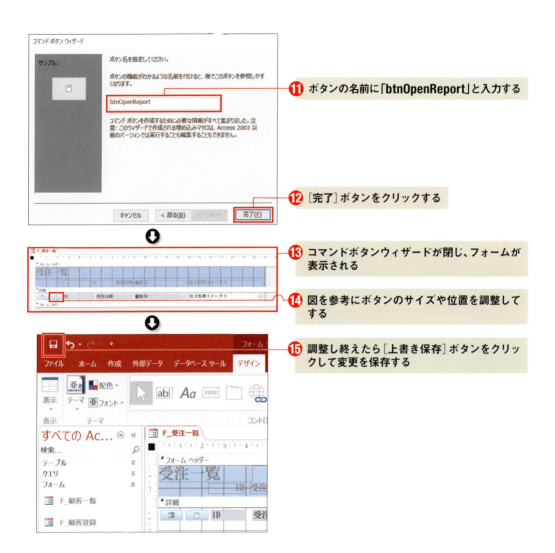

4 R_納品書メインのデータソースを修正する

最後に、受注一覧フォームでクリックされたボタンに対応するレコードをレポート側に表示するよう、R_納品書メインのデータソースを修正します。

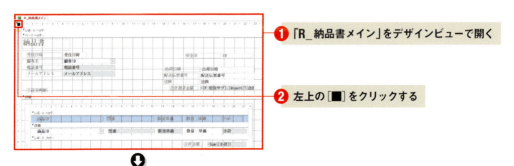

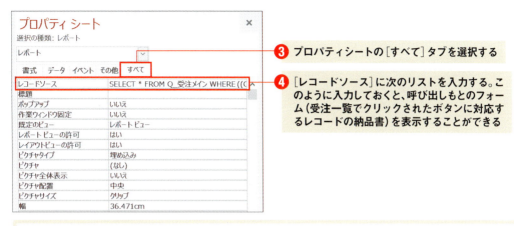

❸ プロパティシートの[すべて]タブを選択する

❹ [レコードソース]に次のリストを入力する。このように入力しておくと、呼び出しもとのフォーム（受注一覧でクリックされたボタンに対応するレコードの納品書）を表示することができる

```
SELECT * FROM Q_受注メイン WHERE (((Q_受注メイン.ID)=[Forms]![F_受注一覧]![ID]));
```

手順❹で入力する内容

❺ 入力し終えたら[上書き保存]ボタンをクリックして変更を保存する

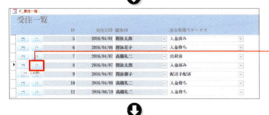

❻ これでレポートを開くボタンの設置は完了。「F_受注一覧」をフォームビューで表示する。レポートを開くボタンをクリックする

❼ レポートが開くことを確認する

Chapter 7 受注情報管理サブシステムを作る

07 受注情報管理サブシステムを使用する

前節までで受注情報管理サブシステムが完成しました。動作確認を兼ねて、完成したシステムを実際に使用してみましょう。

1 受注情報を新規登録する

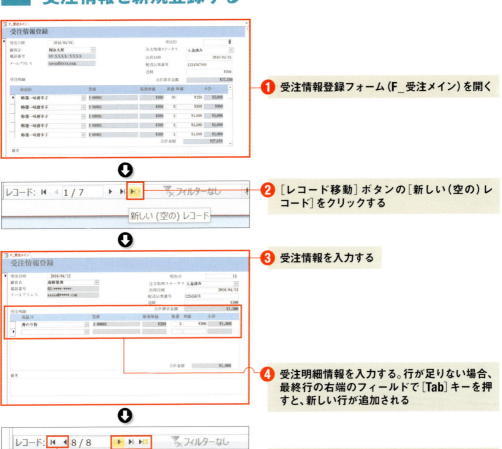

❶ 受注情報登録フォーム（F_受注メイン）を開く

❷ ［レコード移動］ボタンの［新しい（空の）レコード］をクリックする

❸ 受注情報を入力する

❹ 受注明細情報を入力する。行が足りない場合、最終行の右端のフィールドで［Tab］キーを押すと、新しい行が追加される

❺ すべての情報を入力し終えたら、［レコード移動］ボタンをクリックして入力内容を確定する

2 受注情報を編集する

① [レコード移動]ボタンを使って変更したいレコードを表示する

② フィールドのデータを変更する

③ 最後のフィールドで[Tab]キーを押すか、[レコード移動]ボタンから[次のレコード]ボタンをクリックして入力内容を確定する

3 受注情報を削除する

① 受注情報登録フォーム（F_受注メイン）を開く

② [レコード移動]ボタンを使って削除したいレコードを表示する

③ レコードセレクタをクリックしてレコードを選択する

❹ [Delete]キーを押し、ダイアログで[はい]ボタンをクリックする

4 フォームを閉じる

❶ フォーム右上の[×]ボタンをクリックしてフォームを閉じる

5 受注情報を一覧表示する

❶ 受注一覧フォーム（F_受注一覧）を開く

❷ 任意のレコード先頭の左側のボタンをクリックする

❸ 受注情報登録フォームへ移動する

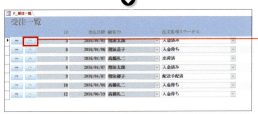

❹ 受注一覧フォームに戻り、先頭の右側のボタンをクリックする

❺ 納品書が表示される

Chapter 8

分析レポート出力機能を追加する

販売管理を行う目的の1つとして、自社のビジネスの状況を正確かつタイムリーに把握することが挙げられます。
このChapterでは、売上状況や売れ筋商品のリストなどをレポートとして出力する機能を販売管理システムに追加します。

01 Accessによるデータ分析

Accessでデータ分析を行うための基礎的なポイントを理解しましょう。

Accessによるデータ分析

Accessでデータベースアプリケーションを開発するメリットの1つに、データベースに蓄積したデータを利用して、さまざまなデータ分析を行えることが挙げられます。

ビジネスを円滑に進めていくためには、ビジネスの現状を正確に把握することが大切です。システムに蓄積されたデータをさまざまな角度から眺め、そこに浮き上がる状況を分析することで、次にどのような一手を打つべきかが見えてくるものです。

最近はデータ分析のための便利なツールが多数登場していますが、簡単な売上分析レポート程度であれば、Accessを用いて作成することができます。また、工夫次第でさまざまな観点からのデータ分析も可能となるでしょう。

ここでは、Accessでシンプルな分析レポートを作成する手順を学びましょう。

データ分析の手順

Accessでデータ分析を行う際は、次のような手順で作業を進めます。

1 分析の対象と目的を明確にする

はじめに、何を目的としてどのような分析を行うのかを明確にしておきます。

たとえば、商品の仕入れを行うにあたって「売れそうな商品」を把握したいのであれば、過去数ヵ月間の売れ筋商品情報が役立つでしょう。この場合、受注の履歴データと商品マスタとを組み合わせて分析用のデータを作成します。

また、顧客離反への対策を打ちたい場合は、「最近の購入履歴がない／少ない」お客様のリストを抽出し、しかるべき分析を行った上でとるべき対策を検討します。この場合は、顧客マスタと受注データ

を組み合わせ、場合によっては問い合わせ履歴[*1]などを加えて分析を行うことになるでしょう。

このように、データ分析に着手する際には、「何のために」「何を分析し」「どのようなアウトプットがほしいのか」を、自分なりに明確にしておくことで、データ分析への取り組みを進めやすくなります。

データは、何か明確な目的を持って眺めたときにはじめて意味を持つものです。

「世間で流行っているようだから……」と目的もなくデータ分析に着手するのではなく、まずは自社の抱えている課題を明確にし、その課題を解決するためにデータを活用するのだ、という意識を持つことが大切です。

2 クエリを作成する

分析の目的と対象が明確になったら、求めるアウトプットを出すためにデータを加工します。データの加工には、Accessのクエリという機能を使うと便利です。

クエリを使うと、複数のテーブルに格納されているデータを組み合わせて1つのテーブルのように扱ったり、複数のフィールドの値を利用して計算を行い、その結果をフィールドの値のように表示したりすることができます。

たとえば、受注テーブルと商品マスタを組み合わせ、過去1ヵ月間における商品ごとの売上金額の合計を表示する、あるいは顧客ごとの過去1年間の合計購入金額を計算し、もっとも金額の高いほうから10人をリストアップする……といったクエリを作成可能です。

> **MEMO クエリ**
>
> クエリについてはChapter 2 (P.031)、Chapter 7 (P.163) で詳しく説明しています。

クエリでデータを加工する

---

*1 データ分析の一例として紹介していますが、本書で作成するサンプルでは問い合わせ履歴情報は取り扱いません。

3 レポートを作成する

　クエリを作成すれば分析用のデータはひとまず完成ですが、作成したデータを見やすい形で出力したい場合は、クエリをもとにレポートを作成します。

　経営層や他の部署などからの依頼でデータ分析を行う場合は、アウトプットをレポートとして整えた上で手渡すのが一般的でしょう。

　このとき、わかりやすいよう視覚的にデータを表現したい場合は、グラフを組み込むのもよい方法です。Accessのグラフコントロールを利用すれば、テーブルやクエリをもとに簡単にグラフを組み込むこともできます。

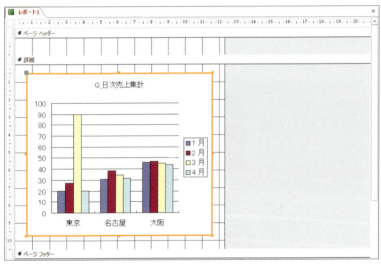

Accessのグラフコントロール

02 売上状況を把握する

受注情報をもとに1ヵ月分の日次売上を集計し、レポートとして出力してみましょう。

作業の流れ

1. クエリを作成する
2. クエリで出力するフィールドを設置する
3. レポートを作成する
4. 対象年月を指定するフォームを作成する
5. ボタンにマクロを追加する
6. レポートヘッダーを編集する
7. レポートを出力する

日次売上集計レポートを出力する

　売上状況を正確に把握することは、物販業を営む上での必須事項と言っても過言ではありません。日次、月次、年次などのさまざまな時間軸で売上の状況を確認し、そこに現れている傾向をとらえることで、次に打つべき「一手」が見えてくるものです。

　ここでは、指定した年月のネット通販の売上を日単位で集計し、これをレポートとして表示する方法を学びましょう。

1 クエリを作成する

日次売上集計レポートのもとになるクエリを作成します。

1. 販売管理.accdbを開く
2. [作成]タブをクリックする
3. [クエリ]グループで[クエリデザイン]をクリックする

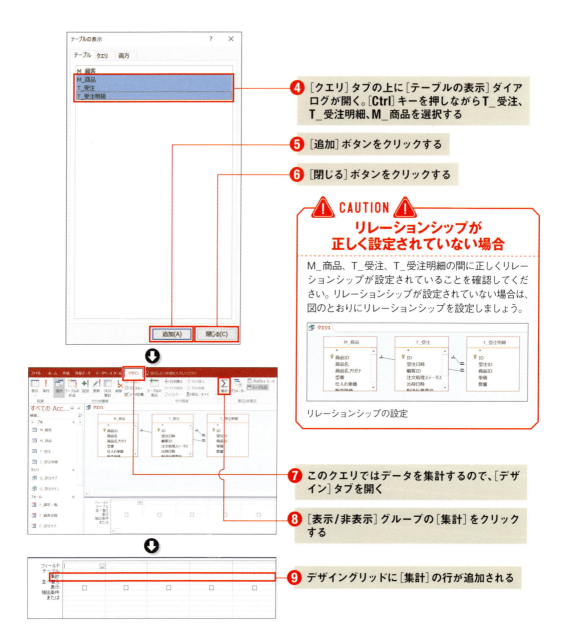

2 クエリで出力するフィールドを設置する

続いてクエリで出力するフィールドを設定します。

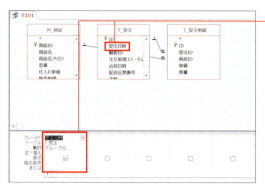

❶ 「T_受注」の「受注日時」をデザイングリッドにドラッグ＆ドロップする

❷ その他のフィールドは手入力で値を設定する。次の表を参考にフィールドの設定を行う

フィールド名	受注日時	売上: [単価]*[数量]	粗利:([単価]-[仕入単価])*[数量]	対象年月:Format$([T_受注].[受注日時],'yyyy/mm')
テーブル	T_受注	T_受注明細	—	—
集計	グループ化	合計	合計	グループ化
並べ替え	昇順	—	—	—
表示	レ	レ	レ	—
抽出条件				

フィールドの設定

❸ 「売上：[単価]*[数量]」の列を選択して右クリックする

❹ メニューから[プロパティ]を選択する

> **MEMO プロパティシートの表示／非表示**
>
> プロパティシートがすでに表示されている場合、前述の操作は不要です。
> 操作を行ったことによってプロパティシートが非表示になってしまった場合は、再度同じ操作を行うか、[デザイン]タブの[表示/非表示]グループで[プロパティシート]ボタンをクリックしてください。

> ✓ **POINT 対象年月フィールド**
>
> 右端の列（対象年月……）は年月単位でレポートを出力するために使用するフィールドです。このフィールドを利用して、フォーム上で抽出年月を指定してレポートを出力する仕組みを実現します。

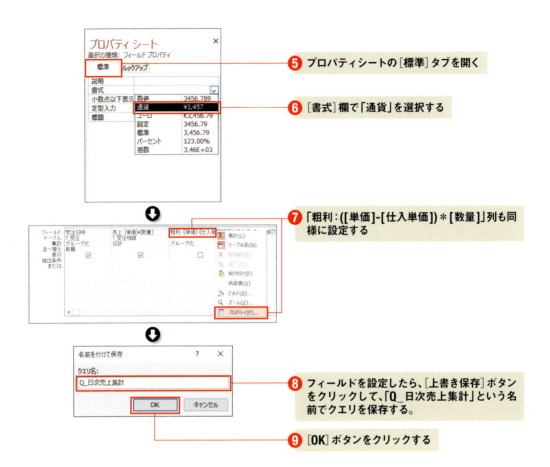

3 レポートを作成する

次に、作成したクエリをベースにしてレポートを作成します。

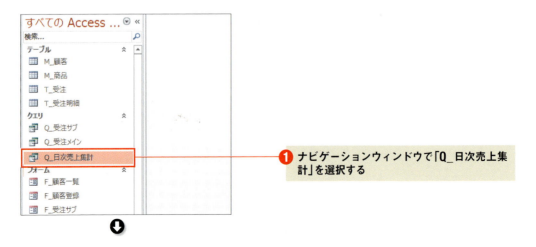

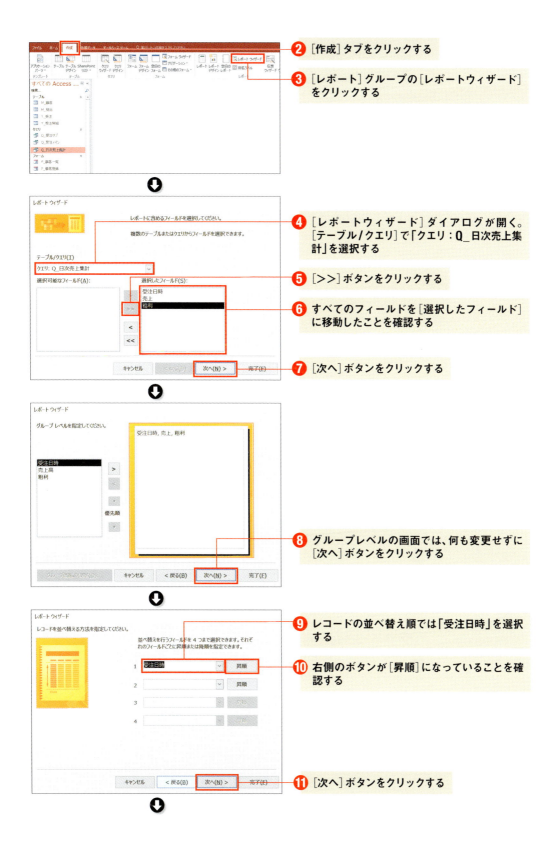

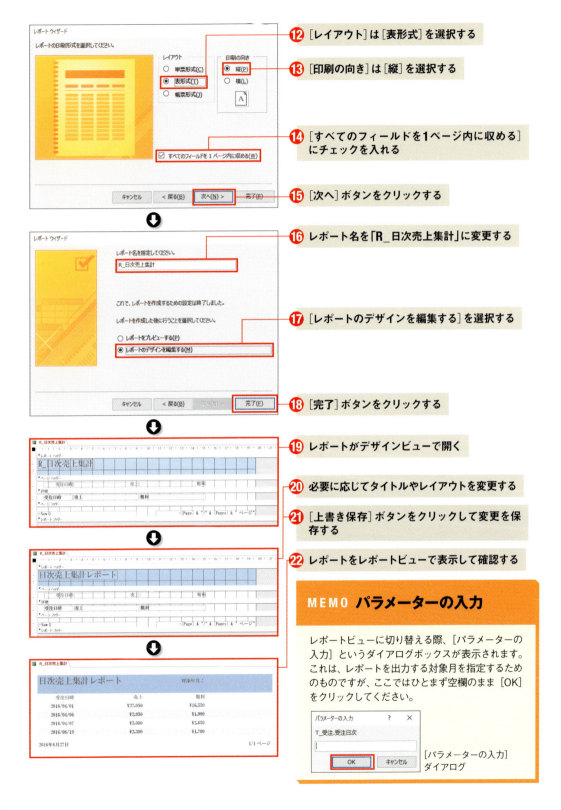

4 対象年月を指定するフォームを作成する

最後に、レポートの出力対象となる年月を指定するためのフォームを作成します。レポートを出力したい年月をこのフォームで指定します。

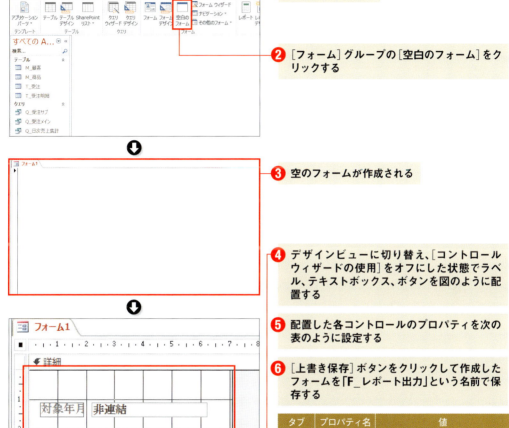

① [作成]タブを開く

② [フォーム]グループの[空白のフォーム]をクリックする

③ 空のフォームが作成される

④ デザインビューに切り替え、[コントロールウィザードの使用]をオフにした状態でラベル、テキストボックス、ボタンを図のように配置する

⑤ 配置した各コントロールのプロパティを次の表のように設定する

⑥ [上書き保存]ボタンをクリックして作成したフォームを「F_レポート出力」という名前で保存する

タブ	プロパティ名	値
書式	標題	対象年月

ラベルのプロパティの設定

タブ	プロパティ名	値
データ	文字書式	テキスト形式
	定型入力	0000/00;0;_
	既定値	Format$(Date$(),"yyyy/mm")
その他	名前	txtTargetMonth

テキストボックスのプロパティの設定

タブ	プロパティ名	値
書式	標題	日次売上集計出力
その他	名前	cmdItemUriage

ボタンのプロパティの設定

✓POINT 既定値について

テキストボックスの[既定値]プロパティには、デフォルトで表示させたい値を指定します。ここは「Format$(Date$(),"yyyy/mm")」という式を指定し、現在日付の「年月」をyyyy/mmの書式で表示させています。

5 ボタンにマクロを追加する

ボタンがクリックされたときの動作を設定します。

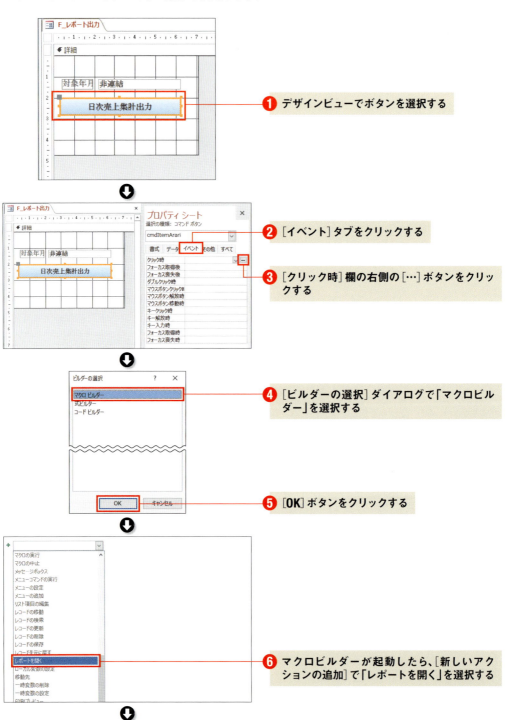

❶ デザインビューでボタンを選択する

❷ [イベント]タブをクリックする

❸ [クリック時]欄の右側の[…]ボタンをクリックする

❹ [ビルダーの選択]ダイアログで「マクロビルダー」を選択する

❺ [OK]ボタンをクリックする

❻ マクロビルダーが起動したら、[新しいアクションの追加]で「レポートを開く」を選択する

⑦ マクロを次の表のとおりに設定する

レポート名	R_日次売上集計
ビュー	レポート
フィルター名	—
Where 条件式	Format$([Q_日次売上集計]![受注日時],'yyyy/mm')=[Forms]![F_レポート出力]![txtTargetMonth]
ウィンドウモード	標準

ボタンのマクロの設定

⑧ 設定を終えたら[上書き保存]ボタンをクリックする

⑨ [閉じる]ボタンをクリックしてビルダーを閉じる

⑩ マクロの作成後、フォームを「F_レポート出力」という名前で上書き保存する

✓ POINT　Where条件式

レポートを開くアクションのWhere条件式には、レポートに表示させるデータの抽出条件を指定します。
ここでは、受注日時の「年月」が、対象年月のテキストボックス（txtTargetMonth）に入力された年月に合致するものを抽出するように式を指定しています。

⑪ ナビゲーションウィンドウの[フォーム]セクションに「F_レポート出力」が追加される

6　レポートヘッダーを編集する

日次売上集計レポートのヘッダーに対象年月を表示させましょう。

❶ 日次売上集計レポート（R_日次売上集計）をデザインビューで表示する

❷ ［デザイン］タブをクリックする

❸ ［コントロール］から［テキストボックス］を選択する

❹ フォーム上に図のように配置する

❺ 次の表のとおりにプロパティを設定する

タブ	プロパティ名	値
書式	標題	対象年月：

ラベルのプロパティの設定

タブ	プロパティ名	値
データ	コントロールソース	[Forms]![F_レポート出力]![txtTargetMonth]
書式	背景色	Access テーマ4
	境界線スタイル	透明

テキストボックスのプロパティの設定

7 レポートを出力する

これで日次売上集計レポート機能は完成です。レポート出力フォームを立ち上げて、動作を確認してみましょう。

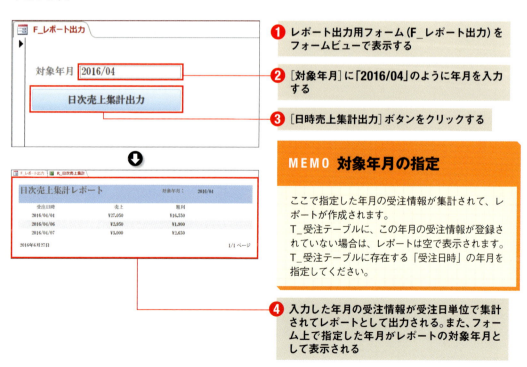

❶ レポート出力用フォーム（F_レポート出力）をフォームビューで表示する

❷ ［対象年月］に「2016/04」のように年月を入力する

❸ ［日時売上集計出力］ボタンをクリックする

MEMO 対象年月の指定

ここで指定した年月の受注情報が集計されて、レポートが作成されます。
T_受注テーブルに、この年月の受注情報が登録されていない場合は、レポートは空で表示されます。
T_受注テーブルに存在する「受注日時」の年月を指定してください。

❹ 入力した年月の受注情報が受注日単位で集計されてレポートとして出力される。また、フォーム上で指定した年月がレポートの対象年月として表示される

03 売れ筋商品を抽出する

受注情報と商品情報を組み合わせ、売れ筋商品のリストを
レポートとして出力する機能を追加してみましょう。

作業の流れ
1. クエリを作成する
2. レポートを作成する
3. レポートのタイトルやレイアウトを変更する
4. 対象年月指定フォームにボタンを追加する

各月の売れ筋商品を売上高の高い順に表示するレポート

売れ筋商品を把握する

　ショップでどのような商品がよく売れているかをタイムリーに把握できると、仕入れの際の参考情報として役立てることができます。ここでは各月の売れ筋商品を売上高の高い順に表示するレポートを作成してみましょう。

　このレポートの作成方法をマスターすると、少しアレンジを加えて、売上（受注）情報からさまざまなヒントを取り出して活用できるようになります。

1 クエリを作成する

売れ筋商品リストのもとになるクエリを作成します。

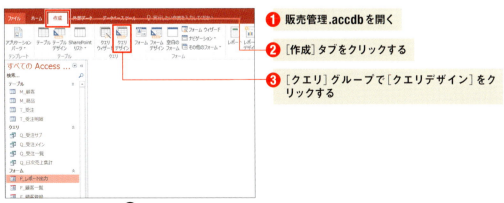

❶ 販売管理.accdb を開く
❷ [作成] タブをクリックする
❸ [クエリ] グループで [クエリデザイン] をクリックする

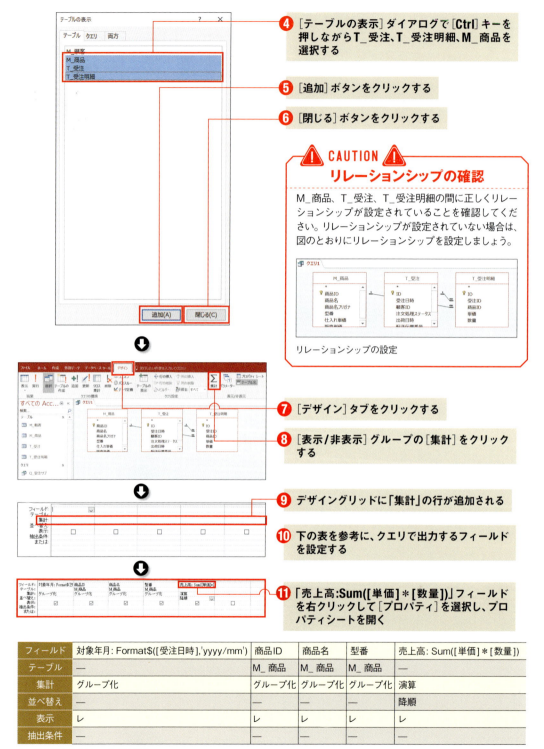

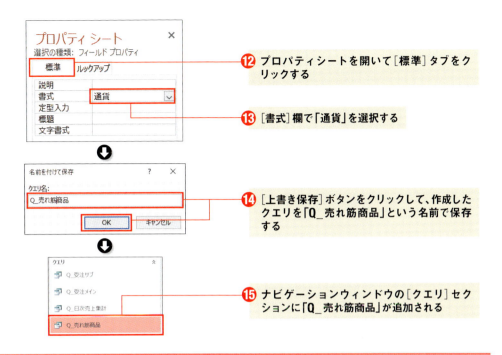

⑫ プロパティシートを開いて[標準]タブをクリックする

⑬ [書式]欄で「通貨」を選択する

⑭ [上書き保存]ボタンをクリックして、作成したクエリを「Q_売れ筋商品」という名前で保存する

⑮ ナビゲーションウィンドウの[クエリ]セクションに「Q_売れ筋商品」が追加される

2 レポートを作成する

作成したクエリをベースにレポートを作成します。

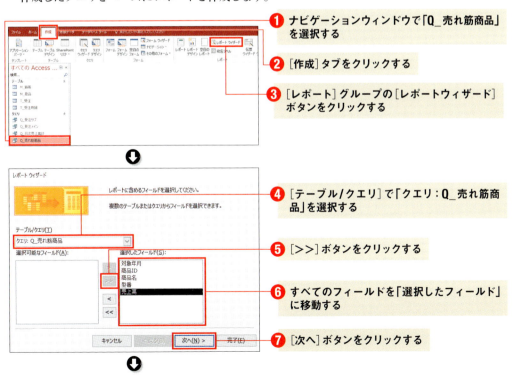

❶ ナビゲーションウィンドウで「Q_売れ筋商品」を選択する

❷ [作成]タブをクリックする

❸ [レポート]グループの[レポートウィザード]ボタンをクリックする

❹ [テーブル/クエリ]で「クエリ:Q_売れ筋商品」を選択する

❺ [>>]ボタンをクリックする

❻ すべてのフィールドを「選択したフィールド」に移動する

❼ [次へ]ボタンをクリックする

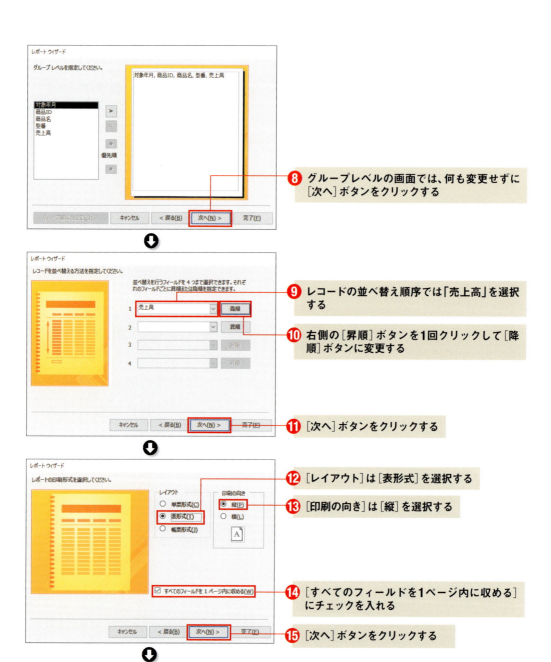

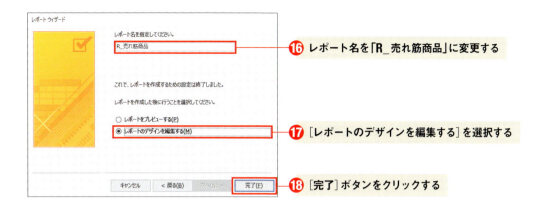

⑯ レポート名を「R_売れ筋商品」に変更する

⑰ ［レポートのデザインを編集する］を選択する

⑱ ［完了］ボタンをクリックする

3 レポートのタイトルやレイアウトを変更する

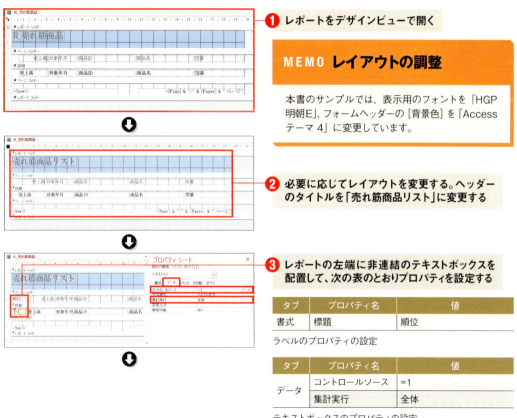

❶ レポートをデザインビューで開く

MEMO レイアウトの調整

本書のサンプルでは、表示用のフォントを「HGP明朝E」、フォームヘッダーの［背景色］を「Accessテーマ 4」に変更しています。

❷ 必要に応じてレイアウトを変更する。ヘッダーのタイトルを「売れ筋商品リスト」に変更する

❸ レポートの左端に非連結のテキストボックスを配置して、次の表のとおりプロパティを設定する

タブ	プロパティ名	値
書式	標題	順位

ラベルのプロパティの設定

タブ	プロパティ名	値
データ	コントロールソース	=1
	集計実行	全体

テキストボックスのプロパティの設定

❹ ［上書き保存］ボタンをクリックして変更を保存する

❺ レポートをレポートビューで表示する

4 対象年月指定フォームにボタンを追加する

日次売上集計レポート作成のところで作成した対象年月指定フォームに新しくボタンを設置し、対象年月を指定して売れ筋商品リストを表示させてみましょう。

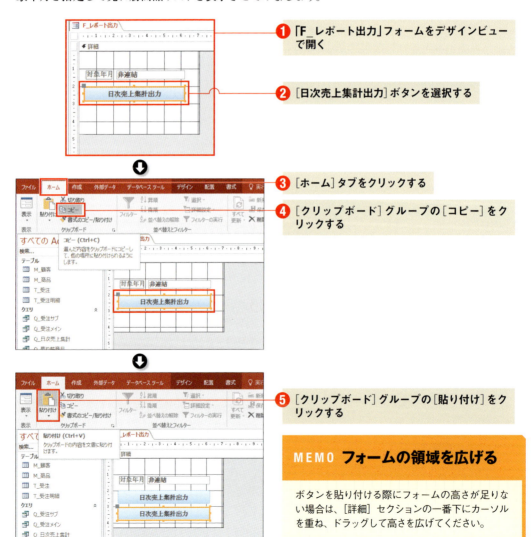

❶ 「F_レポート出力」フォームをデザインビューで開く

❷ [日次売上集計出力]ボタンを選択する

❸ [ホーム]タブをクリックする

❹ [クリップボード]グループの[コピー]をクリックする

❺ [クリップボード]グループの[貼り付け]をクリックする

MEMO フォームの領域を広げる

ボタンを貼り付ける際にフォームの高さが足りない場合は、[詳細]セクションの一番下にカーソルを重ね、ドラッグして高さを広げてください。

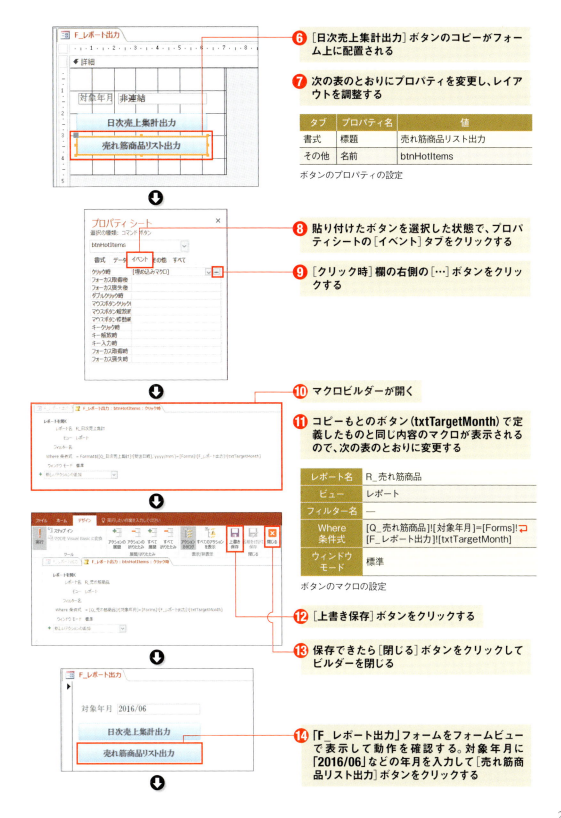

 入力した年月の売れ筋商品リストが表示される

+α レポートの対象年月を表示する

P.215〜216を参考に、日次売上集計レポートと同じように、レポートのヘッダーに対象年月を表示させてみましょう。R_日次売上集計をデザインビューで開き、対象年月のラベルとテキストボックスをコピーして、R_売れ筋商品のレポートヘッダーにそのまま貼り付けるだけでOKです。
コントロールのプロパティもそのままコピーされますので、変更は不要です。

R_日次売上集計から対象年月のラベルとテキストボックスをR_売れ筋商品にコピー

COLUMN

ツールを利用したデータ分析

このChapterではAccessを利用してデータ分析用のレポートを作成する方法を紹介しました。
Accessを使えば、データベース内に蓄積されたデータを手軽に加工して、データ分析の材料として活用できますが、情報を求める形に加工するには、それなりの知識が必要となるのも事実です。
経営課題の解決のためには手元のデータをさまざまな切り口で確認し、検証していく必要がありますが、そのつどクエリやレポートを一から自作していては、変化の速い市場に置いていかれてしまうおそれもあるでしょう。
本書で紹介した日次売上や売れ筋商品、あるいは離反顧客対策用の顧客分析データといった、日常業務で頻繁に使うものはAccessで自作しておき、データを多角的に分析するという部分は外部の専用ツールに任せてしまう、というのも1つの方法だと思います。
Accessに蓄積された情報は、CSVやTSV、プレーンテキストなどの形で簡単にエクスポートすることが可能です。こうした機能も活用し、外部のツールとうまく連携させながらデータ分析に取り組んでみてください。

Chapter 9

販売管理システムを仕上げる

顧客管理／商品管理／受注情報管理の3つのサブシステムを統合し、1つの販売管理システムとしてまとめあげましょう。

01 サブシステム間で連携する

顧客管理、商品管理、受注情報管理の3つのサブシステムを統合して、販売管理システムを完成させます。

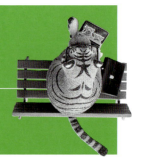

サブシステム間の連携

　Chapter 5〜8を通して、顧客管理、商品管理、受注情報管理の3つのサブシステムと、分析レポート作成機能を作成してきました。
　これで、本書で開発する販売管理システムのサブシステムはすべて完成したことになりますが、このままでは個々のサブシステムが独立して存在するだけで、あまり使い勝手がよくありませんね。
　そこで、このChapterではネット通販の業務の流れを考えつつ、個々の機能が1つのシステムとしてうまく連携して動くような仕組みを考えてみましょう。

顧客検索機能を組み込む

　はじめに、Chapter 7で作成した受注情報登録画面の構成を思い出してみましょう。
　受注情報登録画面は1人の顧客から受けた注文の内容を登録するための画面で、注文主である顧客の情報は「顧客名」のドロップダウンリストから選択するようになっていました。
　しかし、実を言うとこのような画面の作りは、一般的なネット通販の受注情報を登録する画面としては使い勝手のよいものではありません。
　試しに、実際にネット通販の受注処理担当者の気持ちになって、業務の流れを追ってみましょう。顧客から受けた注文を登録するには、次ページの図「ネットショップで顧客から受けた注文を登録するまでの手順」のような手順で作業を行います。

　通常、ネット通販では不特定多数の顧客から次々に注文が入ります。一度だけ購入してその後二度とショップを訪れない「いちげんさん」のようなお客様も少なくありませんし、顧客数もそれなりの規模になることが多いと言えます。この点が、限られた顧客を相手にする企業対企業の取引とは大きく異なるところでしょう。

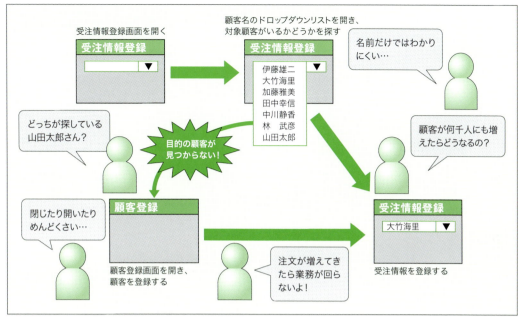

ネットショップで顧客から受けた注文を登録するまでの手順

　このような状況のもとで受注処理業務を効率よく進めるためには、受注情報登録の画面からスムーズに顧客情報を追加登録し、目的の顧客を的確に探し出せるよう、画面機能の設計を工夫しておきたいところです。

　そこで、目的の顧客を見つけやすくするため、受注情報登録画面から専用の顧客検索画面を呼び出す仕組みを組み込んでみましょう。また、探している顧客が登録されていない場合は、その画面からスムーズに顧客情報を新規登録できるような仕組みも追加してみます。

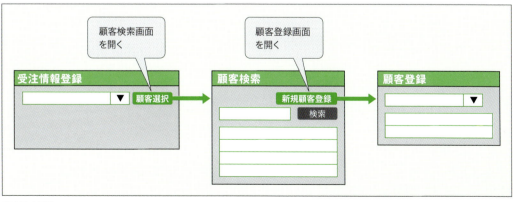

顧客検索機能

Chapter 9 販売管理システムを仕上げる

02 顧客検索画面を作る

Chapter 5で作成した顧客一覧画面をベースにして、顧客検索画面を作成します。

顧客検索画面

作業の流れ

1. 顧客検索画面の下地を作る
2. 検索ボタンを追加し、クリック時のイベントを追加する
3. 顧客検索画面に顧客登録画面を開くボタンを付ける
4. 顧客登録画面を開くボタンのクリック時の動作を定義する
5. 顧客登録画面に顧客登録画面を閉じるボタンを付ける
6. 顧客登録画面を閉じるボタンにマクロを追加する
7. 受注情報登録画面で顧客検索画面を呼び出すボタンを設置する
8. 顧客検索画面を呼び出すボタンのクリック時の動作を定義する
9. 顧客を選択したときの動作を確認する
10. 顧客を新規登録したあとに選択したときの動作を確認する

1 顧客検索画面の下地を作る

Chapter 5で作成した顧客一覧画面をベースにして、顧客検索画面を作成します。

❶ 販売管理.accdb を開く

❷ ナビゲーションウィンドウで「F_顧客一覧」を選択する

❸ [ホーム]タブをクリックする

❹ [クリップボード]グループの[コピー]をクリックする

228

02 顧客検索画面を作る

❺ [クリップボード] グループの [貼り付け] をクリックする

❻ [貼り付け] ダイアログが表示されたら、フォーム名に「F_顧客検索」と入力する

❼ [OK] ボタンをクリックする

❽ コピーして作成した「F_顧客検索」をデザインビューで開く

❾ 画面のレイアウトを調整する。ヘッダーのタイトルを「顧客検索」に変更する

✓ POINT 顧客検索画面のデザイン

顧客検索画面は、登録されている顧客を検索・選択するために使用します。このため、ここでは顧客を特定するのに必要な情報だけをコンパクトに表示し、不要なフィールドは削除しています。
どのフィールドを表示するかは必要に応じて決定して構いませんが、検索対象となるフィールドは残しておくようにしてください。

MEMO フォームの標題

フォームの標題が「F_顧客一覧」のままになっている場合は、プロパティシートを表示して「フォーム」を選択し、[書式] タブの [標題] を「F_顧客検索」に変更します。

❿ 詳細セクションの行頭に設置されているボタンを選択する

⓫ プロパティシートで次の表のとおりにプロパティを変更する

MEMO ボタンの画像の選択

ボタンのピクチャを選択するには、[書式] タブで [ピクチャ] の右にある […] をクリックし、表示されたダイアログの [選択可能なピクチャ] で「次へ」を選択して [OK] ボタンをクリックします。

ボタンのピクチャ選択

タブ	プロパティ名	値
書式	ピクチャ	(イメージ) ※ […] をクリック→ [選択可能なピクチャ] で [次へ] を選択 → [OK] ボタンをクリック
イベント	クリック時	空白（[埋め込みマクロ] を削除）
その他	名前	btnSelect

プロパティシートの設定

229

2 検索ボタンを追加し、クリック時のイベントを追加する

顧客検索画面の行頭のボタンに、クリック時に顧客登録画面を開くマクロを記述します。

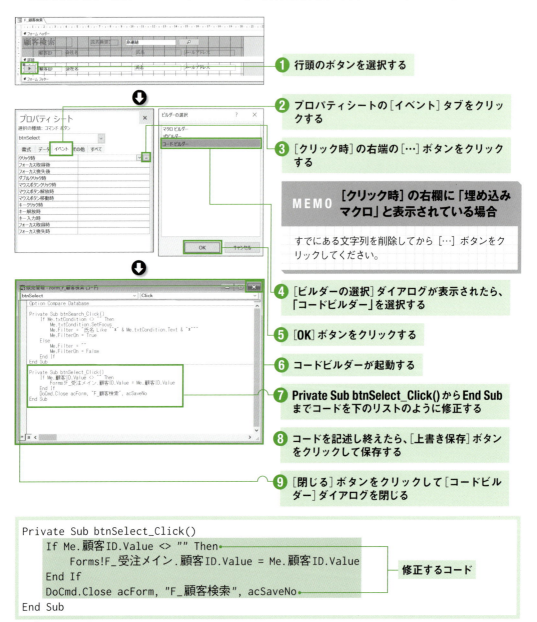

① 行頭のボタンを選択する

② プロパティシートの［イベント］タブをクリックする

③ ［クリック時］の右端の［…］ボタンをクリックする

MEMO ［クリック時］の右欄に「埋め込みマクロ」と表示されている場合

すでにある文字列を削除してから［…］ボタンをクリックしてください。

④ ［ビルダーの選択］ダイアログが表示されたら、「コードビルダー」を選択する

⑤ ［OK］ボタンをクリックする

⑥ コードビルダーが起動する

⑦ **Private Sub btnSelect_Click()** から **End Sub** までコードを下のリストのように修正する

⑧ コードを記述し終えたら、［上書き保存］ボタンをクリックして保存する

⑨ ［閉じる］ボタンをクリックして［コードビルダー］ダイアログを閉じる

```
Private Sub btnSelect_Click()
    If Me.顧客ID.Value <> "" Then
        Forms!F_受注メイン.顧客ID.Value = Me.顧客ID.Value
    End If
    DoCmd.Close acForm, "F_顧客検索", acSaveNo
End Sub
```

修正するコード

手順⑦で入力する内容

✓POINT クリック時のイベントについて

3行目（Forms!F_受注メイン……）はボタンが配置されている行の顧客IDを呼び出しもとフォーム（F_受注メイン）の顧客IDにセットするためのコード、5行目（DoCmd.Close……）はF_顧客検索フォームを閉じるためのコードです。

3 顧客検索画面に顧客登録画面を開くボタンを付ける

顧客検索画面から顧客登録画面を開くためのボタンを設置します。

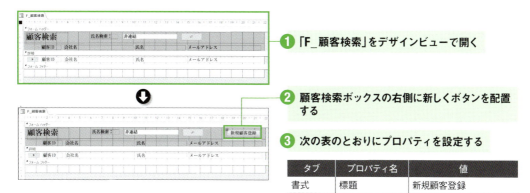

❶ 「F_顧客検索」をデザインビューで開く

❷ 顧客検索ボックスの右側に新しくボタンを配置する

❸ 次の表のとおりにプロパティを設定する

タブ	プロパティ名	値
書式	標題	新規顧客登録
その他	名前	btnAddCustomer

プロパティの設定

4 顧客登録画面を開くボタンのクリック時の動作を定義する

続いて、ボタンがクリックされたときの動作を定義します。

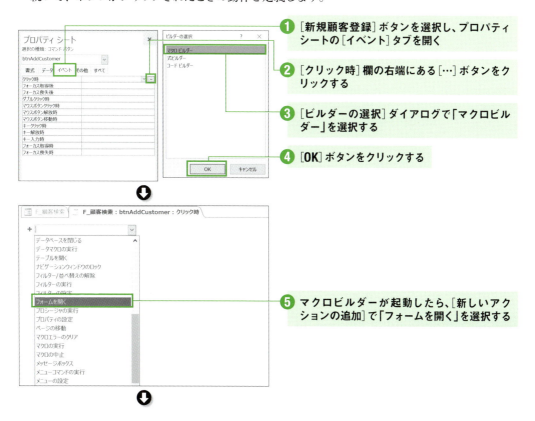

❶ [新規顧客登録]ボタンを選択し、プロパティシートの[イベント]タブを開く

❷ [クリック時]欄の右端にある[…]ボタンをクリックする

❸ [ビルダーの選択]ダイアログで「マクロビルダー」を選択する

❹ [OK]ボタンをクリックする

❺ マクロビルダーが起動したら、[新しいアクションの追加]で「フォームを開く」を選択する

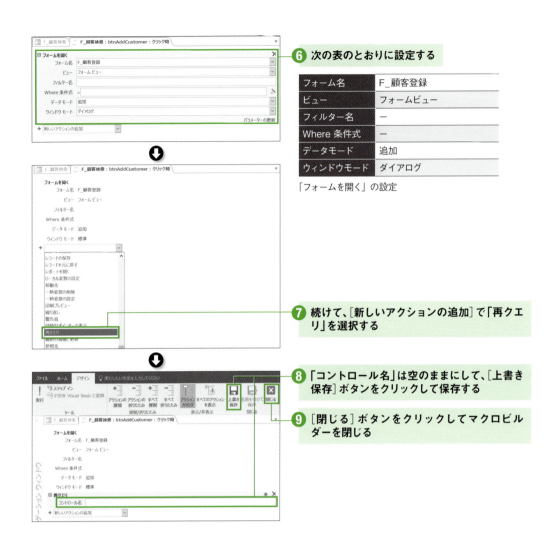

❻ 次の表のとおりに設定する

フォーム名	F_顧客登録
ビュー	フォームビュー
フィルター名	—
Where 条件式	—
データモード	追加
ウィンドウモード	ダイアログ

「フォームを開く」の設定

❼ 続けて、[新しいアクションの追加]で「再クエリ」を選択する

❽ 「コントロール名」は空のままにして、[上書き保存]ボタンをクリックして保存する

❾ [閉じる]ボタンをクリックしてマクロビルダーを閉じる

5 顧客登録画面に顧客登録画面を閉じるボタンを付ける

顧客登録画面を閉じるボタンを追加します。

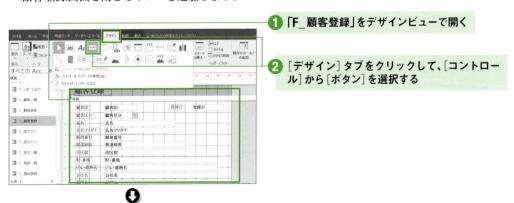

❶ 「F_顧客登録」をデザインビューで開く

❷ [デザイン]タブをクリックして、[コントロール]から[ボタン]を選択する

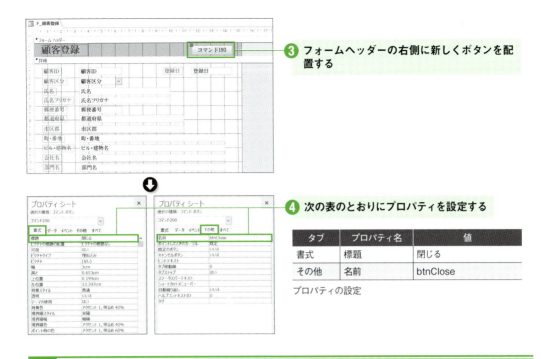

③ フォームヘッダーの右側に新しくボタンを配置する

④ 次の表のとおりにプロパティを設定する

タブ	プロパティ名	値
書式	標題	閉じる
その他	名前	btnClose

プロパティの設定

6 顧客登録画面を閉じるボタンにマクロを追加する

顧客登録画面を閉じるボタンがクリックされたときの動作を定義します。

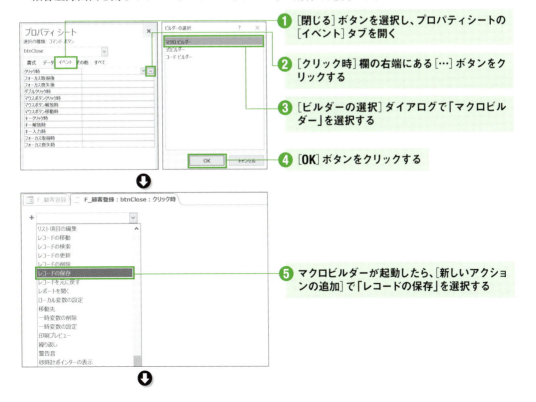

① [閉じる]ボタンを選択し、プロパティシートの[イベント]タブを開く

② [クリック時]欄の右端にある[…]ボタンをクリックする

③ [ビルダーの選択]ダイアログで「マクロビルダー」を選択する

④ [OK]ボタンをクリックする

⑤ マクロビルダーが起動したら、[新しいアクションの追加]で「レコードの保存」を選択する

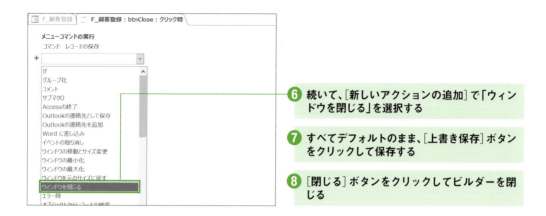

❻ 続いて、[新しいアクションの追加]で「ウィンドウを閉じる」を選択する

❼ すべてデフォルトのまま、[上書き保存]ボタンをクリックして保存する

❽ [閉じる]ボタンをクリックしてビルダーを閉じる

7 受注情報登録画面で顧客検索画面を呼び出すボタンを設置する

受注情報登録画面から顧客検索画面を呼び出すためのボタンを設置します。

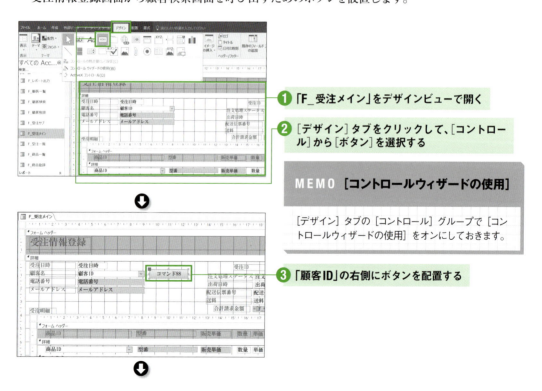

❶ 「F_受注メイン」をデザインビューで開く

❷ [デザイン]タブをクリックして、[コントロール]から[ボタン]を選択する

MEMO [コントロールウィザードの使用]

[デザイン]タブの[コントロール]グループで[コントロールウィザードの使用]をオンにしておきます。

❸ 「顧客ID」の右側にボタンを配置する

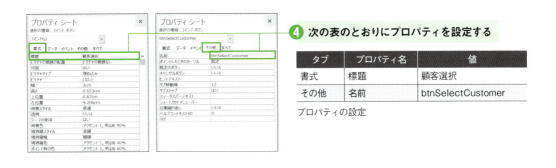

❹ 次の表のとおりにプロパティを設定する

タブ	プロパティ名	値
書式	標題	顧客選択
その他	名前	btnSelectCustomer

プロパティの設定

8 顧客検索画面を呼び出すボタンのクリック時の動作を定義する

顧客検索画面を呼び出すボタンがクリックされたときの動作を定義します。

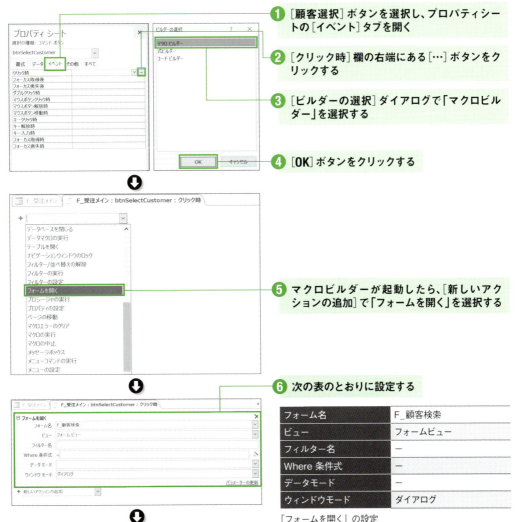

❶ [顧客選択]ボタンを選択し、プロパティシートの[イベント]タブを開く

❷ [クリック時]欄の右端にある[…]ボタンをクリックする

❸ [ビルダーの選択]ダイアログで「マクロビルダー」を選択する

❹ [OK]ボタンをクリックする

❺ マクロビルダーが起動したら、[新しいアクションの追加]で「フォームを開く」を選択する

❻ 次の表のとおりに設定する

フォーム名	F_顧客検索
ビュー	フォームビュー
フィルター名	—
Where 条件式	—
データモード	—
ウィンドウモード	ダイアログ

「フォームを開く」の設定

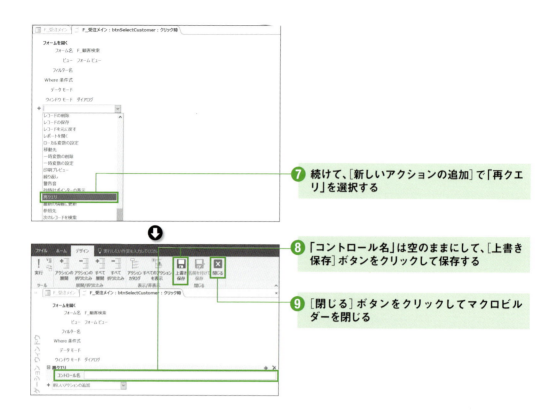

❼ 続けて、[新しいアクションの追加]で「再クエリ」を選択する

❽ 「コントロール名」は空のままにして、[上書き保存]ボタンをクリックして保存する

❾ [閉じる]ボタンをクリックしてマクロビルダーを閉じる

9 顧客を選択したときの動作を確認する

これで顧客の選択、未登録顧客の新規登録をスムーズに行うための機能追加は完了しました。実際に画面を動かして動作を確認します。まずは顧客を選択します。

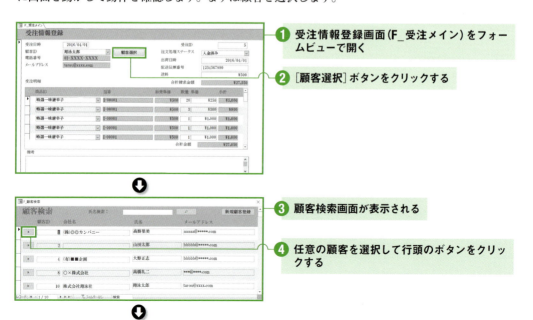

❶ 受注情報登録画面(F_受注メイン)をフォームビューで開く

❷ [顧客選択]ボタンをクリックする

❸ 顧客検索画面が表示される

❹ 任意の顧客を選択して行頭のボタンをクリックする

❺ 顧客検索画面が閉じられ、選択した顧客の情報が受注情報登録フォームにセットされる

10 顧客を新規登録したあとに選択したときの動作を確認する

次に、顧客を新規登録してから選択した場合の動作を確認します。

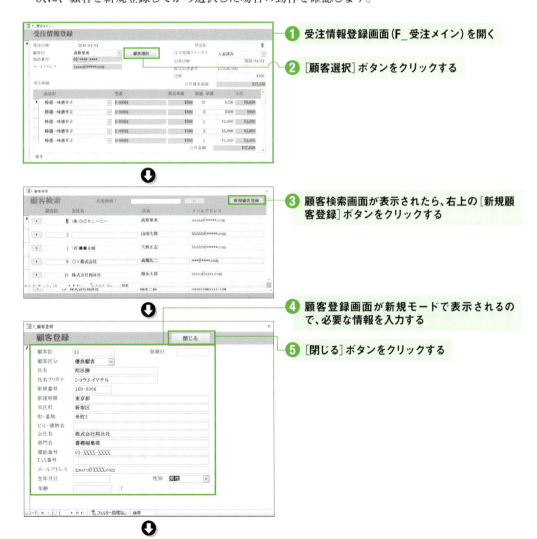

❶ 受注情報登録画面（F_受注メイン）を開く

❷ [顧客選択]ボタンをクリックする

❸ 顧客検索画面が表示されたら、右上の[新規顧客登録]ボタンをクリックする

❹ 顧客登録画面が新規モードで表示されるので、必要な情報を入力する

❺ [閉じる]ボタンをクリックする

顧客検索画面に戻る。手順❶〜❺で追加した顧客が表示されるので、その行の行頭のボタンをクリックする

顧客検索画面が閉じられ、選択した顧客の名前、電話番号、メールアドレスが受注情報登録画面にセットされる

> ⚠ **CAUTION** ⚠
>
> ### 顧客検索画面の行頭のボタン
>
> 顧客検索画面（F_顧客検索）は、受注情報登録画面（T_受注メイン）から呼び出されるフォームとして作成しています。そのため、顧客検索画面を単独で表示した状態で各レコードの行頭のボタンを押すと、エラーが発生します。顧客検索画面は単独で表示せずに、受注情報登録画面から呼び出すようにしてください。
> なお、F_顧客検索を単体で起動するような使い方をしたい場合は、イベントプロシージャ（btnSelect_Click）を次のように修正してください。
>
> ```
> Private Sub btnSelect_Click()
>
>     DoCmd.OpenForm "F_受注メイン"
>
>     Forms!F_受注メイン.顧客ID.Value = Me.顧客ID.Value       ← このように修正
>     DoCmd.Close acForm, "F_顧客検索", acSaveNo
> End Sub
> ```

03 メインメニュー画面を作成する

顧客管理、商品管理、受注情報管理の3つのサブシステムの画面にアクセスするためのメインメニュー画面を作成しましょう。

メインメニュー画面

作業の流れ
1. メインメニュー画面をデザインする
2. ボタンに機能を割り付ける
3. 起動時にメインメニューを表示する

アプリケーションのメインメニューについて

　Chapter 5〜9を通して顧客管理、商品管理、受注情報管理の3つのサブシステムを作成しました。作成したフォームはこれまでのようにナビゲーションウィンドウで選択して個別に立ち上げることもできますが、日常の業務で利用するにはこれでは少し不便です。

　そこで、販売管理システムとしてのメインメニュー画面を作成して、個々の機能に簡単にアクセスできるようにしてみましょう。

1 メインメニュー画面をデザインする

空白のフォームに各画面を開くためのボタンを設置して、メインメニューの画面をデザインします。

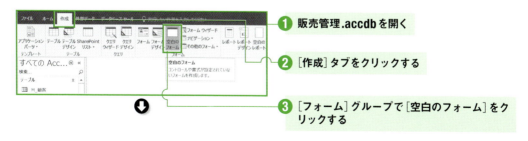

1. 販売管理.accdbを開く
2. ［作成］タブをクリックする
3. ［フォーム］グループで［空白のフォーム］をクリックする

Chapter 9 販売管理システムを仕上げる

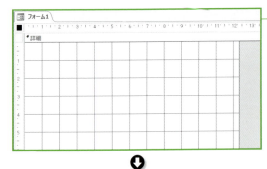

④ フォームがレイアウトビューで開くのでデザインビューに切り替える

⑤ 図のようにボタンとラベルを配置して、次の表のようにプロパティを設定する

タブ	プロパティ名	値
書式	標題	販売管理メインメニュー
	レコードセレクタ	いいえ
	移動ボタン	いいえ

フォーム

タブ	プロパティ名	値
書式	標題	受注一覧
その他	名前	btnOrderList

［受注一覧］ボタン

タブ	プロパティ名	値
書式	標題	顧客一覧
その他	名前	btnCustomerList

［顧客一覧］ボタン

タブ	プロパティ名	値
書式	標題	商品一覧
その他	名前	btnItemList

［商品一覧］ボタン

タブ	プロパティ名	値
書式	標題	受注新規登録
その他	名前	btnNewOrder

［受注新規登録］ボタン

タブ	プロパティ名	値
書式	標題	顧客新規登録
その他	名前	btnNewCustomer

［顧客新規登録］ボタン

タブ	プロパティ名	値
書式	標題	商品新規登録
その他	名前	btnNewItem

［商品新規登録］ボタン

タブ	プロパティ名	値
書式	標題	レポート出力
その他	名前	btnReport

［レポート出力］ボタン

⑥ 画面のデザインが完了したら、「F_メインメニュー」という名前でフォームを保存する

✅POINT 画面レイアウトは自由に!

画面のレイアウトは好みに合わせて自由に変更してみましょう。
フォームヘッダーの色やタイトルのフォントを変える、会社のロゴを表示するなど、工夫次第で見映えのよいメインフォームになります。
フォームにロゴを貼り付けるには、[コントロール]の[イメージ]を使います。

[コントロール]の[イメージ]を使う

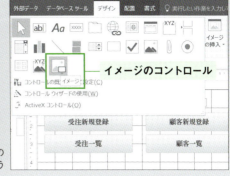

2 ボタンに機能を割り付ける

メインメニュー画面をデザインできたら、マクロを利用して各ボタンに機能を割り付けましょう。ここではそれぞれの画面を開くための機能を割り付けます。

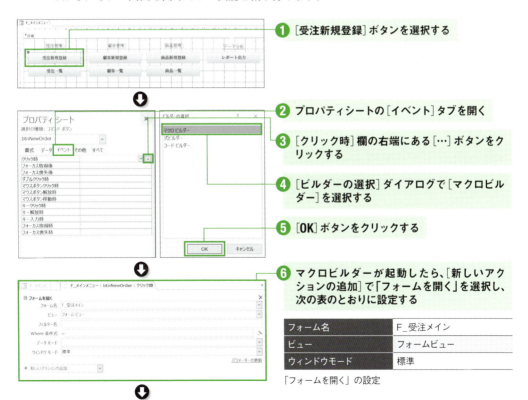

❶ [受注新規登録]ボタンを選択する

❷ プロパティシートの[イベント]タブを開く

❸ [クリック時]欄の右端にある[…]ボタンをクリックする

❹ [ビルダーの選択]ダイアログで[マクロビルダー]を選択する

❺ [OK]ボタンをクリックする

❻ マクロビルダーが起動したら、[新しいアクションの追加]で「フォームを開く」を選択し、次の表のとおりに設定する

フォーム名	F_受注メイン
ビュー	フォームビュー
ウィンドウモード	標準

「フォームを開く」の設定

❼ ［新しいアクションの追加］で「レコードの移動」を選択し、次の表のとおりに設定する

オブジェクトの種類	フォーム
オブジェクト名	F_受注メイン
レコード	新しいレコード

「レコードの移動」の設定

❽ ほかのボタンについても、下の表を参考にマクロを登録する

❾ ボタンにマクロを割り付け終えたら、メインフォームをフォームビューで表示して、動作を確認する

アクション	パラメーター名	値
フォームを開く	フォーム名	F_受注一覧
	ビュー	フォームビュー
	ウィンドウモード	標準

［受注一覧］ボタンの設定

アクション	パラメーター名	値
フォームを開く	フォーム名	F_顧客一覧
	ビュー	フォームビュー
	ウィンドウモード	標準

［顧客一覧］ボタンの設定

アクション	パラメーター名	値
フォームを開く	フォーム名	F_商品一覧
	ビュー	フォームビュー
	ウィンドウモード	標準

［商品一覧］ボタンの設定

アクション	パラメーター名	値
フォームを開く	フォーム名	F_レポート出力
	ビュー	フォームビュー
	ウィンドウモード	標準

［レポート出力］ボタンの設定

アクション	パラメーター名	値
フォームを開く	フォーム名	F_顧客登録
	ビュー	フォームビュー
	ウィンドウモード	標準
レコードの移動	オブジェクトの種類	フォーム
	オブジェクト名	F_顧客登録
	レコード	新しいレコード

［顧客新規登録］ボタンの設定

アクション	パラメーター名	値
フォームを開く	フォーム名	F_商品登録
	ビュー	フォームビュー
	ウィンドウモード	標準
レコードの移動	オブジェクトの種類	フォーム
	オブジェクト名	F_商品登録
	レコード	新しいレコード

［商品新規登録］ボタンの設定

03 メインメニュー画面を作成する

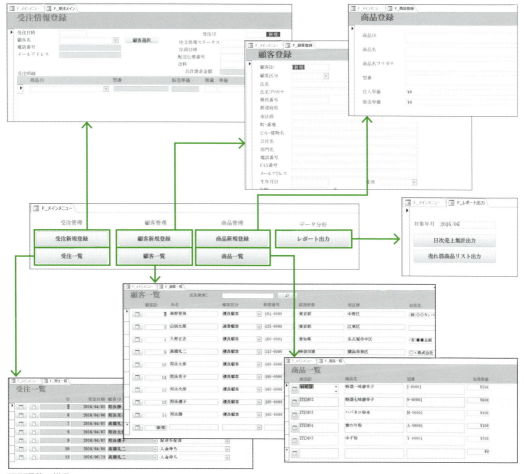

画面遷移の様子

3 起動時にメインメニューを表示する

最後に、販売管理システムのデータベースが起動したら、自動的にメインメニュー画面が立ち上がるように設定を行います。この設定はAccessのオプション画面から簡単にできます。

❶ 販売管理.accdbを開き、[ファイル]タブの左下にある[オプション]をクリックする

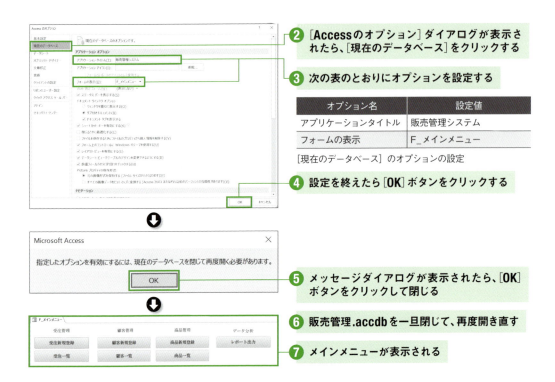

❷ [Accessのオプション]ダイアログが表示されたら、[現在のデータベース]をクリックする

❸ 次の表のとおりにオプションを設定する

オプション名	設定値
アプリケーションタイトル	販売管理システム
フォームの表示	F_メインメニュー

[現在のデータベース]のオプションの設定

❹ 設定を終えたら[OK]ボタンをクリックする

❺ メッセージダイアログが表示されたら、[OK]ボタンをクリックして閉じる

❻ 販売管理.accdbを一旦閉じて、再度開き直す

❼ メインメニューが表示される

✓POINT　オプション設定でデータベースを制御

データベースのオプション設定機能を利用すると、データベースの表示状態や機能を制御できます。たとえば、レイアウトビューを無効にする、ナビゲーションウィンドウを非表示にするなどの制御が可能です。Accessにあまり詳しくない人に向けて開発したシステムを提供する場合など、不要な機能を非表示にすることで、誤操作が発生するリスクを抑えることができます。個々のオプションについての詳しい説明は割愛しますが、Accessのヘルプなどで研究して、自社のアプリケーションに最適な設定を見つけてください。

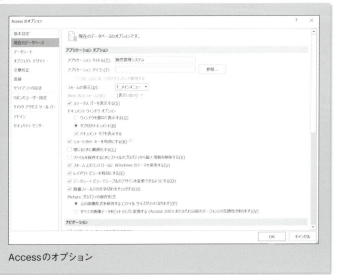

Accessのオプション

04 販売管理システムを使用する

前節までで、本書で開発する販売管理システムが完成しました。動作確認を兼ねて完成したシステムを実際に使用してみましょう。

1 メインメニューを開く

販売管理システムの各機能には、本Chapterで作成したメインメニューからアクセスします。P.244で行った設定により、データベースを開くとすぐにメインメニューが開きます。

❶ 販売管理.accdb を開く

❷ メインメニューが表示される

2 受注情報登録画面から顧客情報を検索する

このChapterで追加した機能により、受注情報登録画面から顧客の検索／新規登録を行えるようになりました。実際に操作の流れを確認してみましょう。まずはすでに登録されている顧客情報を選択する場合です。

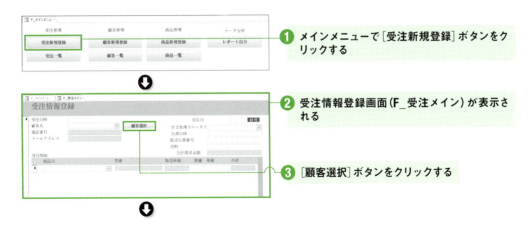

❶ メインメニューで[受注新規登録]ボタンをクリックする

❷ 受注情報登録画面(F_受注メイン)が表示される

❸ [顧客選択]ボタンをクリックする

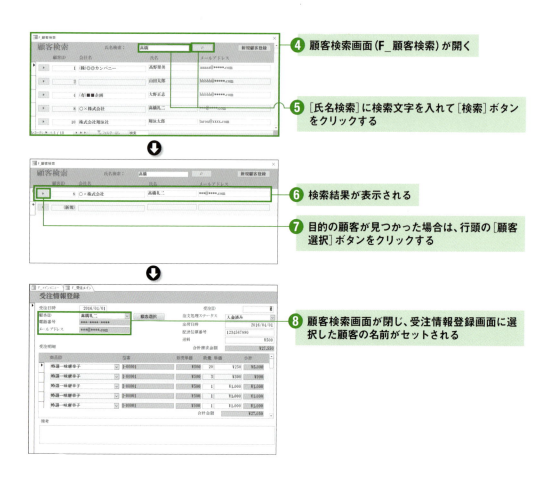

3 受注情報登録画面から顧客情報を新規登録する

前の手順で検索を行っても目的の顧客が見つからないときは、顧客情報がマスタに登録されていません。この場合は顧客情報を新規に登録します。

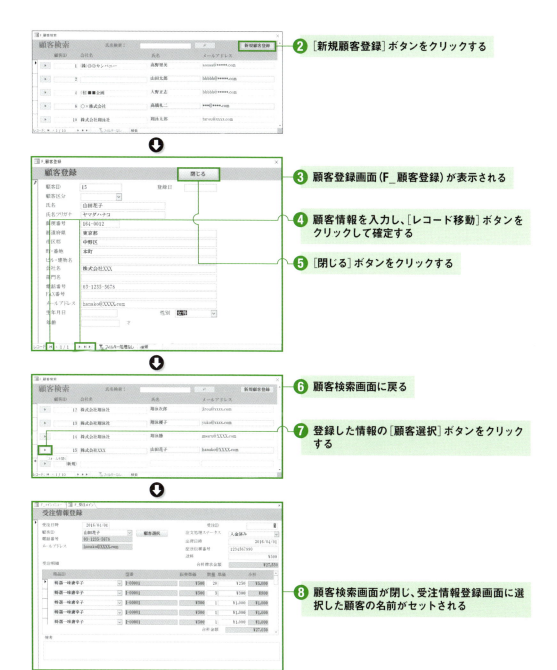

Chapter 10

販売管理システムを
カスタマイズする

データベースアプリケーションを自作するメリットの1つは、必要に応じて自由にシステムをカスタマイズできるということです。
このChapterではデータベースアプリケーションのカスタマイズについて解説します。

01 データベースアプリケーションのカスタマイズ

データベースアプリケーションをカスタマイズするメリット、およびカスタマイズを行う際に注意すべき点について説明します。

自作データベースアプリケーションのメリット

　データベースアプリケーションを自作することのメリットの1つは、システムを柔軟に作り替えられる点にあります。

　専門業者にシステム構築を依頼した場合、完成したシステムをカスタマイズする際にも、それなりのコストと時間がかかることが少なくありません。また、市販のパッケージソフトを使用していて、システムをカスタマイズすること自体がそもそも不可能、という場合もあるでしょう。

　変化の激しい昨今のビジネス環境下において競争力を保つためには、状況に応じて柔軟に戦略を切り替え、適切なタイミングで機敏に行動を起こしていくことが求められます。必要なときに必要な形に自由にシステムを組み替えることができれば、そうした場面にもスムーズに対応できます。

　また、開発したアプリケーションを使い込んでいくと、「この機能はちょっと不便」「ここがこうなっていればもっと効率が上がる」といった改善点が挙がってくることがあります。そうした点に随時に対応し、アプリケーションを改良していくことができれば、それが業務効率の改善を手助けすることにもつながります。

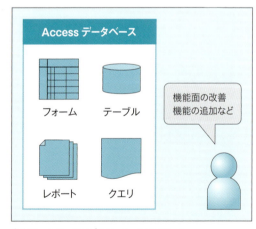

自作データベースアプリケーションのメリット

カスタマイズを行う際の注意点

データベースアプリケーションのカスタマイズを行う際には、次の点に注意してください。

カスタマイズの目的と方針を明確にする

　Accessで開発したデータベースアプリケーションは、比較的手軽にカスタマイズを施すことができ

ます。これは大きなメリットの1つですが、手軽だからといって無計画にカスタマイズを重ねていくのはあまりお勧めできません。

　カスタマイズを行う際は、「どのような目的でそのカスタマイズを行うのか」「そのためにどのような方針をとるのか」ということを事前に明確にしておくようにしましょう。

　また、「これから施そうとしているカスタマイズは、そのアプリケーションの本来の目的に合致しているか」という視点でカスタマイズの内容を評価することも大切です。

　目先の利便性だけを追求してカスタマイズを繰り返し、結果として、本来そのアプリケーションを使って実現したかったことがうまく回らなくなってしまうようでは本末転倒、ということです。

他の機能への影響調査を行う

　カスタマイズの内容によっては、ある機能への変更がほかの機能に影響を及ぼすことがあります。この点に注意しておかないと、カスタマイズを行った結果アプリケーションが正しく機能しなくなってしまうおそれがあります。

　たとえば、テーブルAをフォーム1とフォーム2の双方から参照しているという状況でテーブルのフィールド構成を変更した場合、変更後の構成に合わせてフォーム1とフォーム2にも変更を施さなくてはならない場合があります。

　カスタマイズに着手する前にほかの機能への影響範囲を調査し、必要に応じて関連する機能にも適切なカスタマイズを施すようにしましょう。

カスタマイズの履歴を残す

　カスタマイズを行ったときは、いつ、どの部分に、どのようなカスタマイズを施したのかを履歴として残しておくことをお勧めします。履歴の残し方はやりやすい方法で構いませんが、たとえばExcelなどを利用して、変更日時、変更内容のサマリー（要約）、修正対象箇所などを一覧表の形で記録しておくとよいでしょう。

　カスタマイズ履歴を記録し、そのつどシステムのバックアップを保存しておけば、「カスタマイズ前のほうが使いやすかった」「カスタマイズした箇所に重大なバグがあった」というようなときにも慌てず対応できます。

カスタマイズ履歴を記録しておこう

バックアップをとる

データベースアプリケーションをカスタマイズする際には、直前の状態のバックアップをとっておくようにしましょう。

Accessにはデータベースのバックアップと復元を行う機能が備わっています。

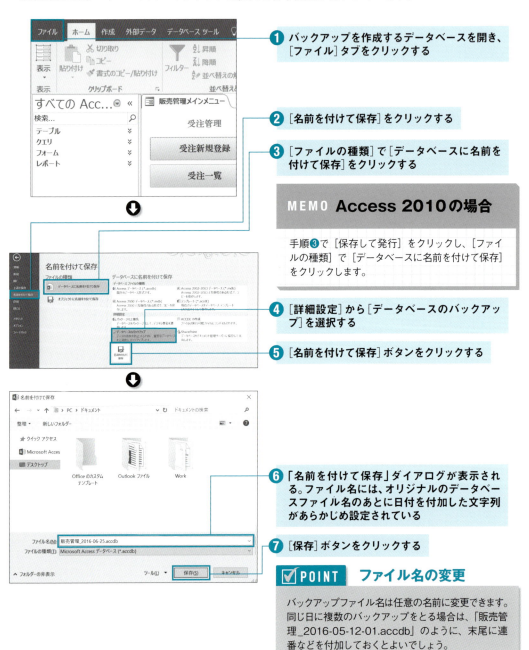

① バックアップを作成するデータベースを開き、[ファイル]タブをクリックする

② [名前を付けて保存]をクリックする

③ [ファイルの種類]で[データベースに名前を付けて保存]をクリックする

MEMO Access 2010の場合

手順③で[保存して発行]をクリックし、[ファイルの種類]で[データベースに名前を付けて保存]をクリックします。

④ [詳細設定]から[データベースのバックアップ]を選択する

⑤ [名前を付けて保存]ボタンをクリックする

⑥ 「名前を付けて保存」ダイアログが表示される。ファイル名には、オリジナルのデータベースファイル名のあとに日付を付加した文字列があらかじめ設定されている

⑦ [保存]ボタンをクリックする

✓ POINT ファイル名の変更

バックアップファイル名は任意の名前に変更できます。同じ日に複数のバックアップをとる場合は、「販売管理_2016-05-12-01.accdb」のように、末尾に連番などを付加しておくとよいでしょう。

オブジェクトを復元する

カスタマイズ後にアプリケーションに不具合が生じた場合、カスタマイズ後のデータベースファイルを適切なバックアップファイルと置き換えることで、カスタマイズ前の状態に戻すことができます。

ただし、データベースファイル全体を置き換えると、バックアップの取得後に登録したデータはすべて消失してしまいます。バックアップ後のデータが必要な場合は事前にテーブルのデータをエクスポートしておき、復元後に改めてデータを取り込み直すなどの作業が必要となります。

なお、フォームやレポート、クエリなど、データベースアプリケーション内の一部分だけをバックアップから復元することも可能です。

❶ カスタマイズ後のデータベースファイルを開く

❷ カスタマイズにより不具合が発生したオブジェクトを削除する

✓ POINT　オブジェクトの名前を変更する

データベースを復元する際、カスタマイズ後のオブジェクトを念のために残しておきたい場合は、オブジェクトの名前を変更しておきましょう。変更する名前は、もとのオブジェクトとの関連が一目で把握できるものにしておきます。一時的に保存するだけならTEMP_XXXXX、一定期間バックアップとして残しておくならBK_XXXXXというように、社内でルールを決めて運用するとよいでしょう。

❸ ［外部データ］タブをクリックする

❹ ［インポートとリンク］グループの［Access］をクリックする

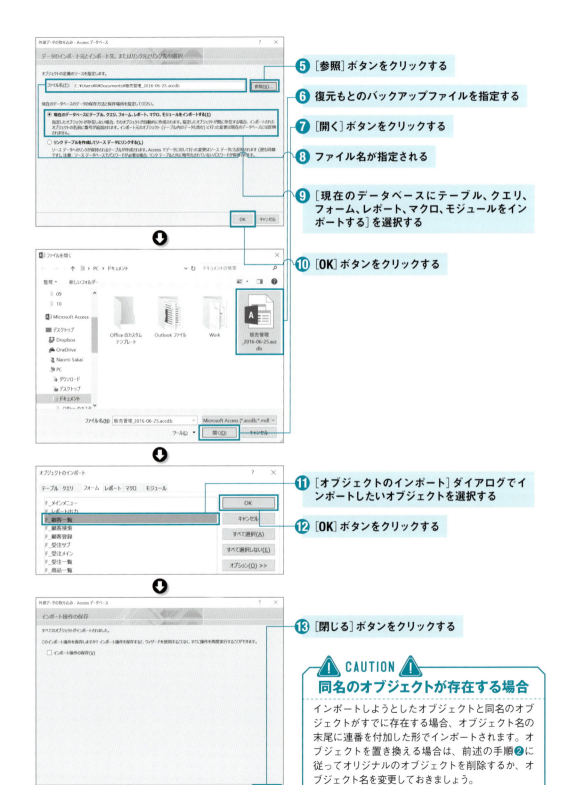

02 デザイン／レイアウトを カスタマイズする

フォームやレポートなどのデザイン、レイアウトをカスタマイズする方法について説明します。

 CAUTION

バックアップをとる

ここから先では、本書で作成した販売管理システムのデータベースを使ってカスタマイズの実例を紹介します。カスタマイズを行う場合は、必ず事前にデータベースファイルのバックアップをとるようにしてください。バックアップのとり方については、P.252で説明しています。

デザインやレイアウトを変更する

データベースのカスタマイズといってもその内容はさまざまで、それぞれに規模や難易度も異なります。アプリケーションの「見た目」、つまりフォームやレポートなどのデザインやレイアウトを変えるカスタマイズは比較的難易度が低く、データベースアプリケーション開発初心者でも比較的挑戦しやすいものだと言えるでしょう。

フォームやレポートはいずれもユーザーの目に直接触れる部分ですから、適切なカスタマイズを施すことで、アプリケーションの使い勝手を大きく改善することが可能です。難易度の低さの割に、カスタマイズによる効果を出しやすい部分です。

続いて、デザインやレイアウトを変更するカスタマイズの実例を解説します。

項目の並び順を入れ替える

項目の並び順の変更は、フォームやレポートをデザインビュー（またはレイアウトビュー）で開いて行います。頻繁に確認したい項目を上（左）のほうに寄せたり、データ入力時に参照する書類（伝票など）に合わせて並び順を変更したりして、工夫して使い勝手を向上させてみましょう。

❶ 「F_商品一覧」をデザインビューで開く

❷ 「商品ID」と「商品名」を選択して右に移動する

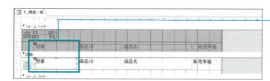

❸ 「型番」を選択して先頭に移動する

項目ラベルの移動

一覧フォームの場合はフォームヘッダー上の項目ラベルも併せて移動するようにしてください。

重要な項目を色分けする

　画面上で特に重要な意味を持つ項目は、ほかのコントロールとは異なる背景色や文字色を設定して目立たせておくとわかりやすくなります。また、必須の入力項目には決まった背景色を設定するようにしておくと、操作ミスが減って作業効率が上がります。

　カラー印刷が可能な環境なら、レポートでも同様のテクニックが使えます。

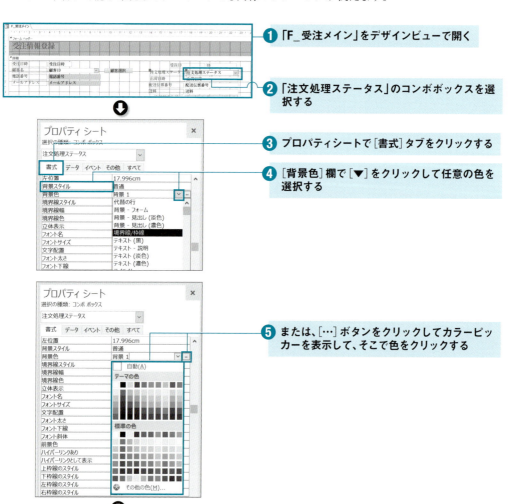

❶ 「F_受注メイン」をデザインビューで開く

❷ 「注文処理ステータス」のコンボボックスを選択する

❸ プロパティシートで［書式］タブをクリックする

❹ ［背景色］欄で［▼］をクリックして任意の色を選択する

❺ または、［…］ボタンをクリックしてカラーピッカーを表示して、そこで色をクリックする

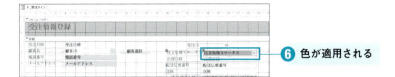

同じ種類の情報をまとめる

F_受注メインフォームや納品書のように、1つのフォーム／レポート上に複数の種類の情報が含まれる場合、同種の情報を1ヵ所にまとめて表示するとわかりやすいレイアウトになります。

たとえば受注情報登録フォーム（F_受注メイン）では、顧客に関する情報、配送に関する情報、注文商品に関する情報をそれぞれまとめて表示しています。

受注情報登録フォーム（F_受注メイン）

タブストップとタブ移動順を設定する

「レイアウト」からは少し外れますが、「タブストップ」プロパティと「タブ移動順」プロパティを設定することで、フォームの使い勝手を大幅に改善できます。

「タブストップ」プロパティは、[Tab] キーなどを押したときにフォーカスを移動させるかどうかについて設定します。

「タブストップ」プロパティが「はい」の場合はフォーカスが移動し、「いいえ」の場合はフォーカスが移動しません。

「タブ移動順」プロパティは同一フォーム上におけるフォーカスの移動順を指定するもので、「タブストップ」が「はい」のコントロールについて設定可能です。

入力系のフォームでは、ユーザーが実際に手入力をする項目にのみフォーカスが移動するようにし、入力を行う順序に合わせてタブ移動順を設定すると使い勝手が向上します。

試しにF_顧客登録でタブストップとタブ移動順の変更を行ってみましょう。

F_顧客登録では氏名の入力に連動してふりがなが自動で入力されるため、「氏名フリガナ」フィールドのタブストップを「いいえ」に変更し、氏名の次に郵便番号にフォーカスが移動するようにします。

郵便番号を入力すると都道府県、市区郡、町名が自動入力されますので、都道府県と市区郡のタブストップを「いいえ」にし、郵便番号の次に町・番地にフォーカスが移動するようにします。

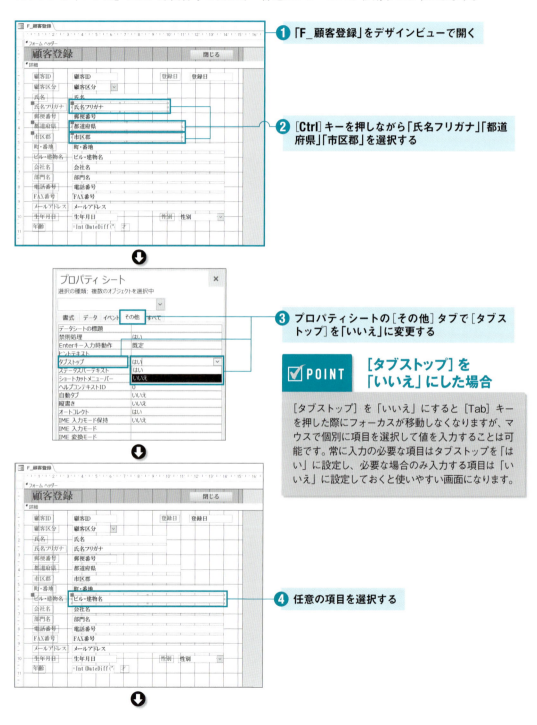

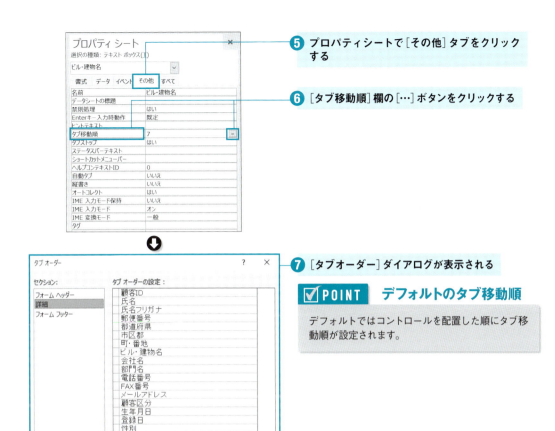

⑤ プロパティシートで[その他]タブをクリックする

⑥ [タブ移動順]欄の[…]ボタンをクリックする

⑦ [タブオーダー]ダイアログが表示される

✓ POINT　デフォルトのタブ移動順

デフォルトではコントロールを配置した順にタブ移動順が設定されます。

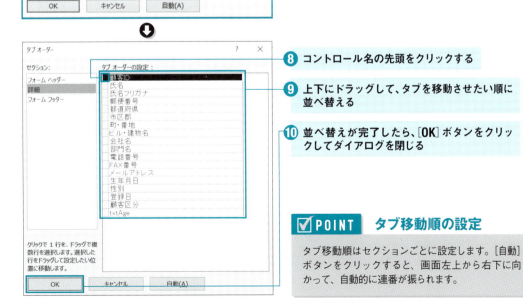

⑧ コントロール名の先頭をクリックする

⑨ 上下にドラッグして、タブを移動させたい順に並べ替える

⑩ 並べ替えが完了したら、[OK]ボタンをクリックしてダイアログを閉じる

✓ POINT　タブ移動順の設定

タブ移動順はセクションごとに設定します。[自動]ボタンをクリックすると、画面左上から右下に向かって、自動的に連番が振られます。

03 項目の追加や削除

フォームやレポートなどに項目を追加したり、不要な項目を削除したりする方法を説明します。

項目を追加／削除する

開発したアプリケーションを使用しているうちに、「このフォーム（レポート）にこの項目を追加で表示したい」あるいは「この項目は邪魔だから非表示にしたい」といった要望がユーザーから出てくることがあります。

業務を遂行する上で必要な情報を機能的に配置すると、フォームやレポートをよりよい形で活用できるようになります。

以降では、フォームやレポートに項目を追加したり、不要な項目を削除したり、項目の表示書式を変更したりするカスタマイズの実例を解説します。

既存のフィールドを追加する

すでにテーブルやクエリに存在するフィールドは、比較的簡単にフォームやレポートへ追加することができます。

❶「F_受注メイン」をデザインビューで開く

❷［デザイン］タブをクリックする

❸［ツール］グループの［既存のフィールドの追加］をクリックする

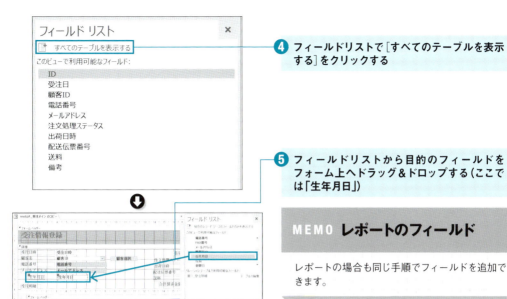

④ フィールドリストで[すべてのテーブルを表示する]をクリックする

⑤ フィールドリストから目的のフィールドをフォーム上へドラッグ＆ドロップする（ここでは「生年月日」）

> **MEMO レポートのフィールド**
>
> レポートの場合も同じ手順でフィールドを追加できます。

> ⚠ **CAUTION** ⚠
> **アラートダイアログ**
>
> 手順⑤で図のようなアラートが表示された場合、[はい]ボタンをクリックしてください。

不要な項目を非表示にする

一度はフォーム（レポート）に表示してみたものの、いざ使いはじめてみたらその項目は不要だった……という場合、不要な項目をフォーム／レポート上から削除できます。

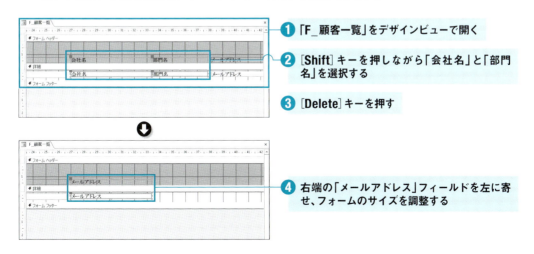

① 「F_顧客一覧」をデザインビューで開く

② [Shift]キーを押しながら「会社名」と「部門名」を選択する

③ [Delete]キーを押す

④ 右端の「メールアドレス」フィールドを左に寄せ、フォームのサイズを調整する

表示書式を変更する

　Accessではテーブルを設計する際にフィールドのデータの書式を指定できますが、フォームやレポートに配置するコントロール側で書式を定義することも可能です。日付や通貨などを見やすい書式に変更することで、フォームやレポートの使い勝手を改善できます。

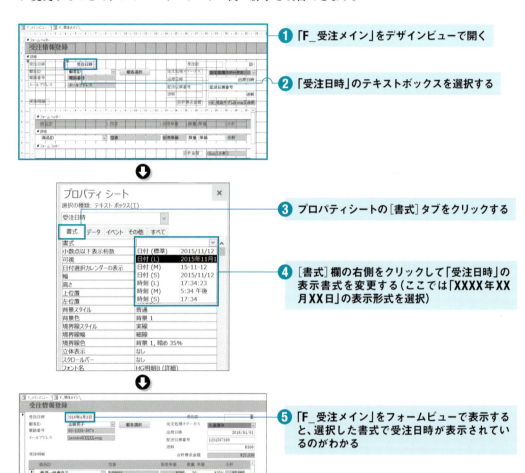

❶「F_受注メイン」をデザインビューで開く

❷「受注日時」のテキストボックスを選択する

❸ プロパティシートの[書式]タブをクリックする

❹[書式]欄の右側をクリックして「受注日時」の表示書式を変更する(ここでは「XXXX年XX月XX日」の表示形式を選択)

❺「F_受注メイン」をフォームビューで表示すると、選択した書式で受注日時が表示されているのがわかる

⚠ CAUTION ⚠
コントロールの幅が足りない場合

変更後の書式で表示した場合にコントロール内に文字列が収まらない場合、右の図のように表示されることがあります。このような場合はフォームをデザインビューで開き直し、コントロールの幅を調整してください。

コントロールの幅が足りない場合

04 テーブルの構成を変更する

既存のテーブルに対するフィールドの追加や削除、フィールドサイズやデータ型の変更など、テーブル構成の変更を伴うカスタマイズについて説明します。

テーブル構成の変更を伴うカスタマイズ

前節では、フォームやレポートに項目を追加したり、削除したりする方法を説明しました。

すでに見てきたように、既存のテーブルやクエリに存在するフィールドをフォームやレポートに追加・削除するようなカスタマイズは、比較的簡単に行うことができます。

しかし、既存のテーブルやクエリに存在しない情報を新たにアプリケーションで扱いたい場合は、少し手間がかかります。まずはテーブルやクエリにフィールドを追加したり、場合によっては新しいテーブルを定義したりといった作業が必要となるためです。

また、何らかの事情によりフィールドのサイズやデータ型を変更しなくてはならない場合も、テーブルの構成を修正することになります。

既存のテーブルへのフィールドの追加、フィールドのデータ型の変更、フィールドの削除といったテーブルの構成変更が絡むカスタマイズは、データベースアプリケーションのカスタマイズの中でも比較的難易度の高い部類に入ります。というのも、こうした変更はリレーションシップで連結されているほかのテーブル、テーブルを利用しているクエリやフォーム、レポートなど、広い範囲に影響を及ぼすおそれがあるためです。

特に、複数の箇所から参照される可能性の高いマスタ系のテーブルの変更は、細心の注意を払って行う必要があります。

以降では、テーブル構成の変更を伴うカスタマイズの実例を解説します。

新しいフィールドを追加する

すでに定義してしまったテーブルに対して、新しくフィールドを追加したい場合があります。たとえば、商品マスタに「JANコード」のフィールドを追加したい、顧客マスタに「メールマガジン配信可否区分」を追加したい、といったケースです。

このような単独の項目追加はほかの機能への影響が比較的少なく、比較的リスクも少ないカスタマイズと言えますが、その場の思いつきでフィールドを追加していくことはあまりお勧めできません。

フィールドを増やせば、その分テーブルのサイズが大きくなります。テーブルのサイズが大きくなる

と、そのテーブルを使って処理を行うクエリやフォーム、レポートなどの動きが遅くなる場合もあります。また、無計画にフィールドを追加しすぎると、そもそものテーブルで何の情報を管理したかったのかが不明瞭になるおそれもあります。

フィールドの追加を行う際には、そのような点を考慮に入れて事前に検討を行いましょう。

P.265のCOLUMN「フィールドの変更や追加で留意すべき点」も参考にしてください。

ここでは商品マスタにJANコードフィールドを追加するというカスタマイズを行います。また、追加したJANコードフィールドを商品登録フォーム上にも表示してみましょう。

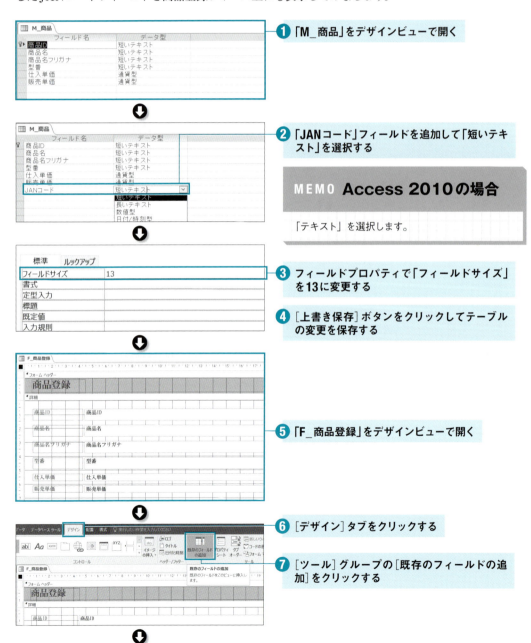

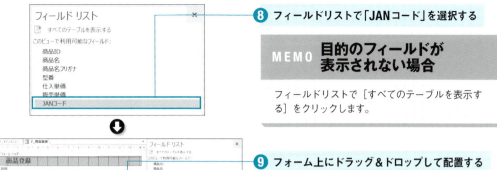

⑧ フィールドリストで「JANコード」を選択する

MEMO 目的のフィールドが表示されない場合

フィールドリストで［すべてのテーブルを表示する］をクリックします。

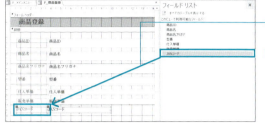

⑨ フォーム上にドラッグ＆ドロップして配置する

⑩ 配置できたらレイアウトも調整する

04 テーブルの構成を変更する

COLUMN

フィールドの変更や追加で留意すべき点

フィールドの変更や追加をする場合、留意すべき点がいくつかあります。

追加したいフィールドはそのテーブルと関係の深い情報か

そのテーブルが扱う情報に直接関係のない情報をフィールドとして定義するのは避けましょう。たとえば、商品そのものに直接関係のない情報を商品マスタのフィールドとして定義するのはNGです。

演算で対応できないか

既存のフィールドを利用して計算や集計で求められるような情報は、あえてフィールドとして追加するより、クエリやフォーム、レポート上で動的に演算を行ったほうが便利な場合があります。

たとえば、商品を標準小売価格で販売した場合の粗利は、仕入価格と販売価格の差として求めることができます。このような場合は商品マスタに「粗利」フィールドを定義するのではなく、クエリやフォーム、レポート上で動的に粗利を計算します。

販売管理システムの受注明細テーブルでも、商品の単価と数量だけをフィールドとして持っていました。商品ごとの売上金額小計はQ_受注サブクエリで動的に計算しています。

テーブルには単価と数量だけを定義している

単価と数量をもとに、クエリで小計を自動計算する

✓ POINT　アプリケーションのパフォーマンスを考慮する

演算処理にはある程度の時間がかかります。このため、大量のデータを一覧表示するようなフォーム／レポート上に動的な演算を行う項目があると、画面表示の際に時間がかかりすぎるなどのデメリットが生じる場合があります。

このようなときは、あえて計算結果をテーブルに登録しておくという手法が採用されることもあります。

アプリケーション設計には唯一絶対の正解はありませんので、場面場面で目的に応じて最適な方法を模索していくようにしましょう。

フィールドの属性やデータ型を変更する

　フィールドを定義する際にはデータ型やフィールドサイズを指定しますが、最初に指定した属性を、後日変更したくなる場合があります。たとえば、商品コードや型番などの規格変更に伴ってフィールドサイズを変更する、文字列で管理していた日付フィールドを日付型に変更するといったケースです。

　フィールドサイズを変更する際、変更前よりも変更後のほうがフィールドサイズが小さくなると、すでにそのフィールドに登録されているデータが一部失われるおそれがあります。新しい器（データ型）に入りきらずにあふれたデータが切り捨てられてしまうためです。

　たとえばテキスト型のフィールドでフィールドサイズを255から15に縮小した場合、15文字を超える部分は削除されてしまいます。また、数値型の場合、サイズの大きいデータ型から小さいデータ型に変更すると、変更後のデータ型で扱える最小値／最大値を超える情報は失われてしまいます。例として、整数型（−32,768〜32,767）で定義されているフィールドをバイト型（0〜255）に変更すると、256以上の値が登録されているレコードについては、当該フィールドの値が消去します。

　フィールドサイズを変更する際は、このような点に注意するようにしてください。

データ型の変更で失われるデータ

　フィールドのデータ型の変更は、フィールドサイズの変更よりもさらに慎重に行う必要があります。すでにフィールドに値が登録されている状態でデータ型が変更されると、Accessはデータ型の自動変換を行おうとします。

　その際、変換前／後のデータ型の組み合わせてよっては、一部のデータが切り詰められる、失われるということがあります。

　データ型を変更する場合は、この点を十分に注意してください。

フィールドサイズを変更する

「M_商品」をデザインビューで開き、フィールドサイズを変更してみましょう。なお、ここで紹介する手順は一例です。自社で扱うデータに合わせて適切なサイズを指定してください。

フィールド名	データ型	フィールドサイズ
商品ID	短いテキスト	20
商品名	短いテキスト	50
商品名フリガナ	短いテキスト	100
型番	短いテキスト	20
仕入単価	通貨型	―
販売単価	通貨型	―
JANコード	短いテキスト	13

フィールドサイズの設定

CAUTION

フィールドサイズの変更とリレーションシップ

ほかのテーブルとリレーションシップが設定されているフィールドの場合、サイズやデータ型を変更するにはリレーションシップを一度削除する必要があります。変更後に、リレーションシップを再度設定してください。

CAUTION

データ型やフィールドサイズ

別のテーブルとリレーションシップが設定されているフィールドのデータ型やサイズを変更する場合、連結されているテーブル側にも同様の変更を行わないと、リレーションシップが正しく機能しなくなることがあります。

既存のフィールドを削除する

「業務ルールの変更により情報が不要になった」「一旦定義してみたが実は不要なフィールドだった」ということはしばしば起こりますが、一般的に「すでに稼働しているアプリケーションから既存のテーブルのフィールドを削除する」ということはあまり行いません。

すでに説明したとおり、既存のテーブルのフィールド構成の変更にはそれなりにリスクが伴います。単にそのフィールドの値を使用しないということならフォームやレポートから削除すれば十分であり、あえてテーブル構造の変更というリスクを冒すメリットはあまりありません。

フィールドの削除を検討する必要のある場面としては、不要なフィールドのおかげでテーブルサイズが極端に肥大し、アプリケーションの動作に支障を与えている、などが考えられます。使いもしないフィールドにサイズの大きなデータが入っていて、そのせいでアプリケーションの動きが遅くなってしまうような場合です。

このような場合、他の機能への影響を念入りに調査した上でフィールドを削除します。

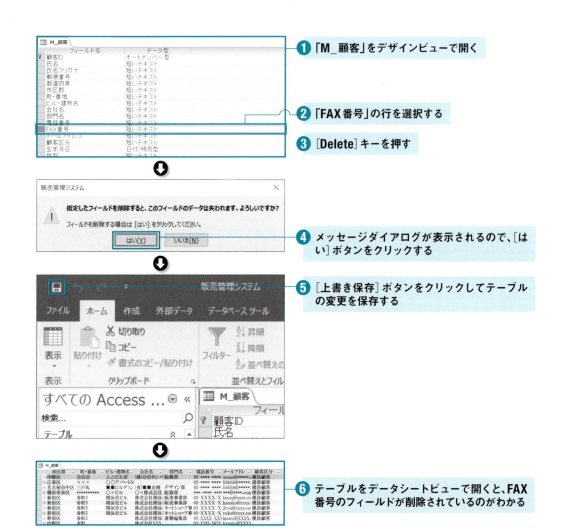

❶ 「M_顧客」をデザインビューで開く

❷ 「FAX番号」の行を選択する

❸ [Delete]キーを押す

❹ メッセージダイアログが表示されるので、[はい]ボタンをクリックする

❺ [上書き保存]ボタンをクリックしてテーブルの変更を保存する

❻ テーブルをデータシートビューで開くと、FAX番号のフィールドが削除されているのがわかる

CAUTION
フィールドの削除の影響

FAX番号フィールドを削除すると、このフィールドを参照しているF_顧客登録フォームに影響が出ます。試しに、F_顧客登録をフォームビューで表示してみてください。FAX番号の欄に「#Name?」と表示されています。これはデータソースであるFAX番号フィールドが削除されたためです。
テーブルからフィールドを削除した場合、そのテーブルが紐付けられているフォームやレポートをデザインビューで開き、ラベルやテキストフィールドを削除しておきましょう。

05 商品カテゴリー管理機能を追加する

Chapter 6で作成した商品管理サブシステムに、商品のカテゴリーを管理するための機能を追加してみましょう。

カテゴリーを分ける

作業の流れ

1. カテゴリーマスタを作成する
2. 商品マスタを変更する
3. 商品登録フォームを修正する
4. カテゴリー編集フォームを作成する
5. カテゴリー編集フォームを閉じるボタンを組み込む
6. カテゴリー編集フォームを開くボタンを組み込む

新しいサブシステムを追加する

　データベースアプリケーションのカスタマイズの中でも難易度が高いものの1つに、既存のアプリケーションへの新しいサブシステムの追加があります。

　もちろん、完全に独立したサブシステムを単純に追加するだけであれば、さほど難しくはありません。サブシステムを作成し、メニュー画面に起動ボタンを追加する程度の変更で済むでしょう。

　難しいのは、作成済みのほかのサブシステムとデータ／機能の面で連携するようなサブシステムを追加するカスタマイズです。

　ここでは「商品情報管理サブシステムにカテゴリーの概念を追加する」という前提で、「カテゴリー管理サブシステム」を追加するカスタマイズについて説明します。

商品カテゴリー管理機能を追加する

　Chapter 6で作成した商品管理サブシステムでは、商品情報として商品名、商品名フリガナ、型番、仕入単価、販売単価を管理していました。

　取り扱う商品の種類が少ない場合はこれでも問題ありませんが、「食品全般」「衣類全般」のように多岐にわたる商品を扱うショップでは、商品を分類するためのカテゴリー情報が必須となります。

　そこで、販売管理システムの中にカテゴリー情報を管理するための機能を追加し、商品にカテゴリーを紐付けられるようにしてみましょう。

　商品情報にカテゴリー情報を紐付けられると、カテゴリーごとに売れ筋商品を集計したり、特定のカテゴリーの商品情報だけをエクスポートしたり、といった操作を行えるようになります。

> **POINT　多階層カテゴリーを扱う**
>
> ここで紹介するのはカテゴリーが1階層のみで構成されるシンプルなカテゴリー管理機能です。親カテゴリーの下に子カテゴリーがぶらさがるような多階層カテゴリー管理を行うには、それを前提としてテーブルや画面などを設計する必要があります。多階層カテゴリーを管理するためのデータベース設計については、いずれ機会がありましたら紹介したいと思います。

カテゴリー情報の扱い方を考える

　それでは、これから実際にカテゴリー情報の管理方法について考えていきますが、まずはこのカスタマイズで実現したいことを明らかにしておきましょう。

　この節のタイトルは「商品カテゴリー管理機能を追加する」となっていますが、本来実現したいのは「カテゴリー情報を管理する」ことではなく、「商品をカテゴリーで分類すること」である点に注意してください。取り扱う商品が多岐にわたる場合、すべての商品を一元的に扱うのでは具合が悪い……。そこで、商品を分類するために「カテゴリー」という概念を使うのです。

　この要件を一番シンプルに解決する方法は、「商品マスタにカテゴリーフィールドを追加する」というものです。Chapter 6で作成したM_商品に「カテゴリー」というフィールドを新たに追加し、そこにカテゴリー名を入れておけば、「商品にカテゴリーを紐付ける」という要望は満たせます。

　しかし、カテゴリー名をテキスト型にして手入力する方法だと、入力ミスによりデータの信頼性が落ちるおそれがあります。たとえばファッション用品のカテゴリーである「バッグ」を「バック」と入力してしまった場合。人間が見れば「ああ、バッグの間違いだな」と判断できるでしょう。けれど、一般的なシステムは、両者が同じものを表すことを推測できません[1]。また、担当者がその場の思いつきでカテゴリーを入力していった結果、似たような名前のカテゴリーが大量に作成され、何が何だかわから

---

[1] 最近はテキスト解析技術の発達により、こうした違いを吸収するシステムも増えてきています。サーチエンジンのGoogleなどがよい例ですね。

なくなってしまう可能性も捨てきれません。

ならば、顧客情報登録フォームの「顧客種別」や受注情報登録フォームの「注文処理ステータス」のように、値リストを設定してドロップダウンで選択させるのはどうでしょう。これなら入力ミスは防ぐことができそうですが、新しいカテゴリーを追加したり、カテゴリー名を変更したりする際にプロパティシートを開いて設定を変更しなくてはならないのでは、あまり便利とは言えません。

そこで、カテゴリー情報を管理するためのカテゴリーマスタとカテゴリー編集フォームを作成し、カテゴリーマスタに登録されている内容を商品マスタのカテゴリー情報から参照できるような設計を考えてみます。

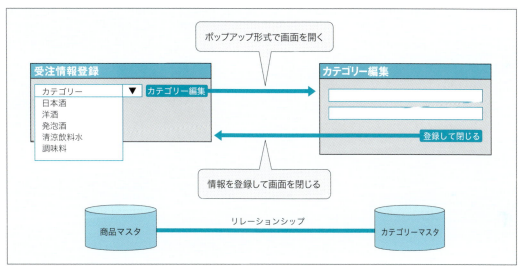

作成する機能

1 カテゴリーマスタを作成する

カテゴリー情報を管理するためのテーブルを作成します。

① Chapter 5で作成した販売管理データベースの中に新規にテーブルを作成する

✓POINT　テーブルの作成方法

テーブルの作成方法については、Chapter 4の02を参照してください。

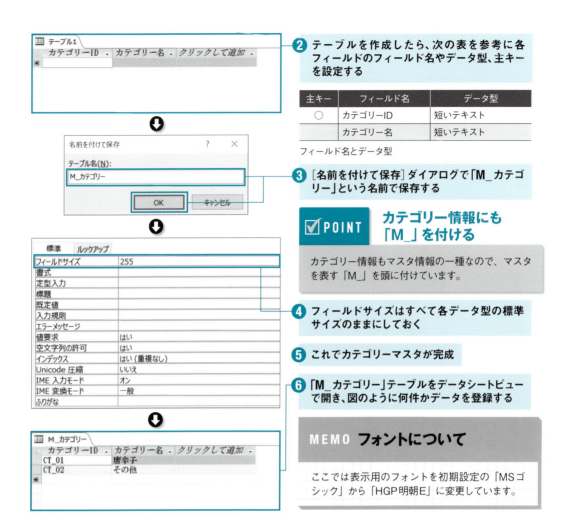

2 商品マスタを変更する

カテゴリーマスタが作成できたら、商品マスタからカテゴリーマスタを参照するための設定を行います。

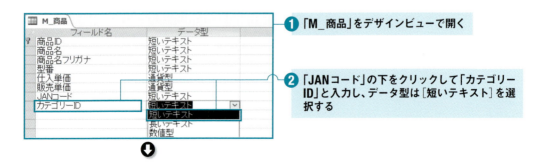

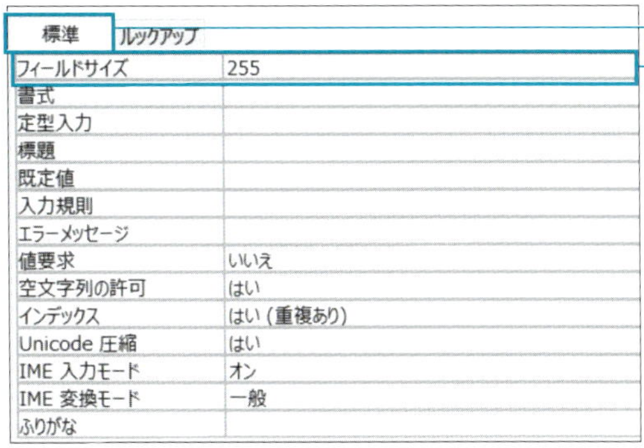

❸ フィールドプロパティの[標準]タブをクリックする。フィールドサイズはデフォルトの255のままにする

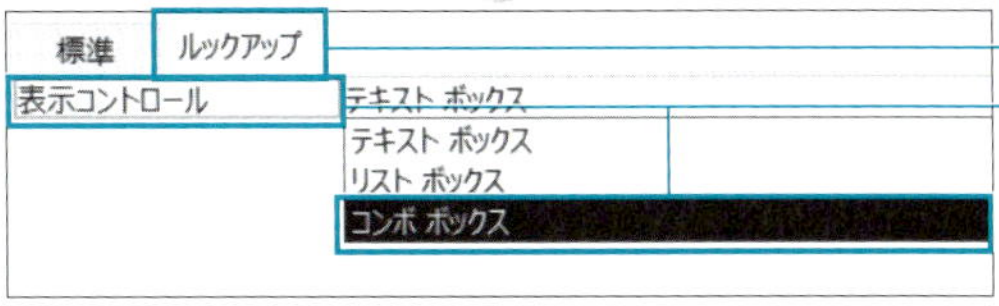

❹ 続いてルックアップの設定を行う。[ルックアップ]タブをクリックする

❺ [表示コントロール]で「コンボボックス」を選択する

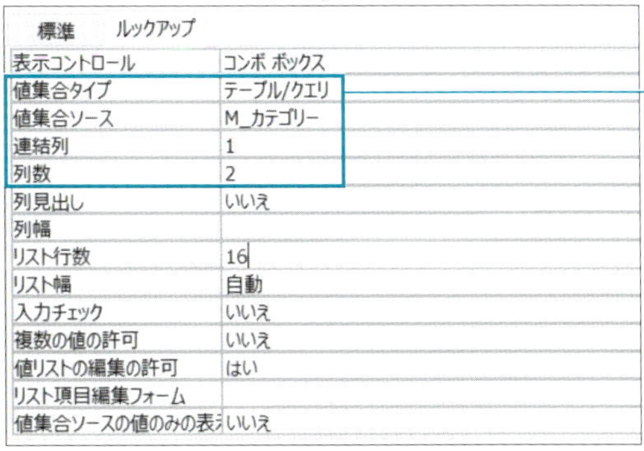

❻ [値集合タイプ][値集合ソース][連結列][列数]を次の表のとおりに設定する

項目名	設定値
値集合タイプ	テーブル/クエリ
値集合ソース	M_カテゴリー
連結列	1
列数	2

コンボボックスの設定

✓ POINT 「テーブル/クエリ」の活用

手順❻で紹介したように[値集合タイプ]に「テーブル/クエリ」を選択し、[値集合ソース]で参照したいテーブルを指定すると、指定したテーブルに登録されている情報をコンボボックスの選択肢として表示できます。

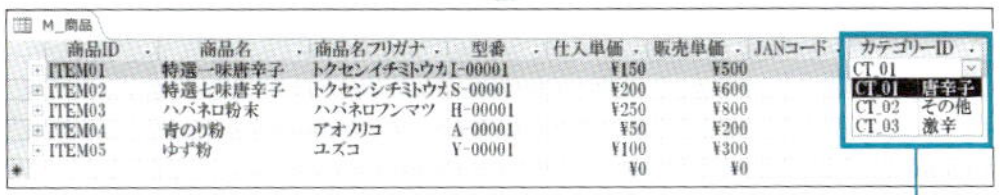

❼ これでルックアップの設定は完了。[Ctrl]+[S]キーを押してテーブルの変更を保存する

❽ 「M_商品」をデータシートビューで表示する。任意の行で「カテゴリーID」の欄をクリックして、図のようにリストから選択できるようになっていることを確認する

3 商品登録フォームを修正する

これでテーブル側の設定は完了しました。続いて、商品登録フォームを修正しましょう。商品登録フォームには新しくカテゴリーの項目を追加します。

① 「F_商品登録」をデザインビューで開く

② [デザイン]タブを開き、[ツール]グループから[既存のフィールドの追加]をクリックしてフィールドリストを表示する

③ 「カテゴリーID」をクリックして「JANコード」の下にドラッグ&ドロップする

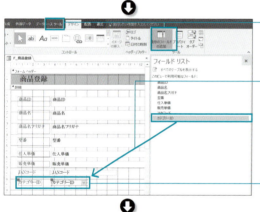

④ 「カテゴリーID」のテキストボックスを選択する

⑤ プロパティシートで次の表のとおりにプロパティを設定する

シート名	プロパティ名	設定値
書式	列幅	0cm;17cm
データ	入力チェック	はい

プロパティの設定

✓ POINT 列幅の設定

列幅は文字どおり列の幅を指定するものです。今回のように1つのコントロールに2つのフィールドの値が連結されている場合、このように2つの列の幅をセミコロンで区切って設定できます。今回の場合、カテゴリーマスタの1列目（カテゴリーID）と2列目（カテゴリー名）を連結していますが、1列目の列幅を0cmにすることで、カテゴリーIDを非表示にしてカテゴリー名だけを表示させています。

✓ POINT 入力チェックの設定

入力チェックを「はい」に設定すると、値集合ソースに設定されている値のリストに含まれない値の入力をエラーとすることができます。

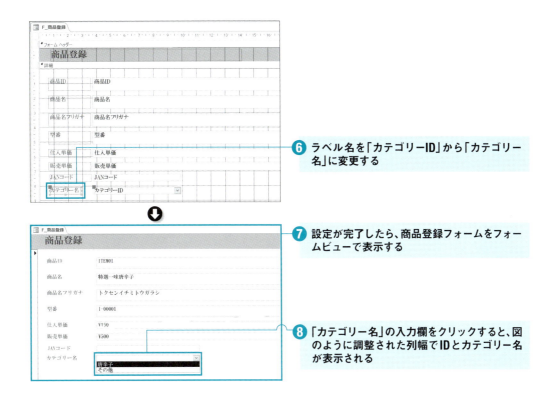

4 カテゴリー編集フォームを作成する

続いて、カテゴリーマスタへの情報の登録／更新を行うためのフォームを作成しましょう。

商品を新規追加する際にカテゴリーも併せて追加するケースが多いような場合は、こうした仕組みが用意されていると便利です。

はじめにカテゴリー編集フォームを作成します。カテゴリー編集フォームはフォームウィザードを利用して表形式のフォームとして作成します。次の手順に従ってください。

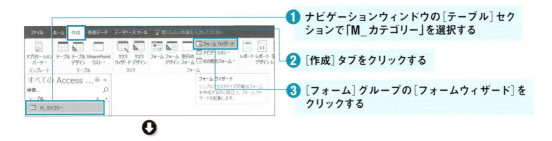

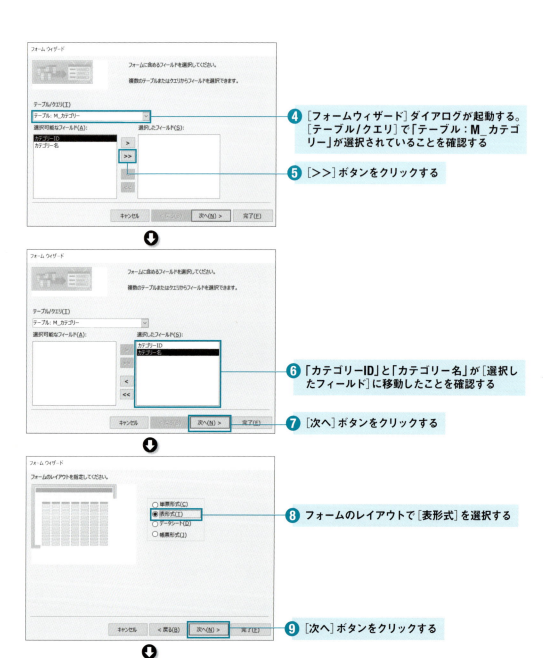

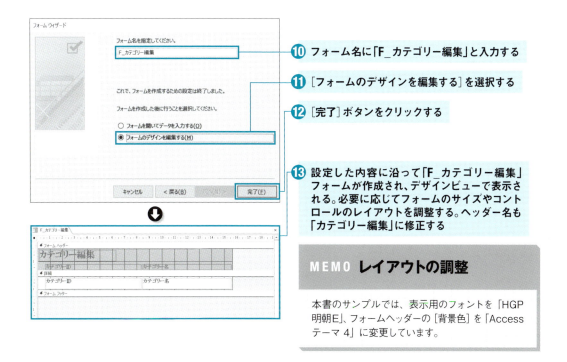

⑩ フォーム名に「F_カテゴリー編集」と入力する

⑪ ［フォームのデザインを編集する］を選択する

⑫ ［完了］ボタンをクリックする

⑬ 設定した内容に沿って「F_カテゴリー編集」フォームが作成され、デザインビューで表示される。必要に応じてフォームのサイズやコントロールのレイアウトを調整する。ヘッダー名も「カテゴリー編集」に修正する

> **MEMO　レイアウトの調整**
>
> 本書のサンプルでは、表示用のフォントを「HGP明朝E」、フォームヘッダーの［背景色］を「Accessテーマ4」に変更しています。

5　カテゴリー編集フォームを閉じるボタンを組み込む

次に、今作成したカテゴリー編集フォームに「自分自身を閉じる」ためのボタンを追加します。このフォームは必要に応じて商品登録フォームから呼び出して使われることを想定しています。

商品登録フォームからカテゴリー編集フォームへ移動しそのまま、カテゴリーの追加／編集／削除を行ったら、もう一度商品登録フォームへ戻れると便利です。また、このときに商品登録フォーム側のカテゴリー名のコンボボックスには変更した内容がリアルタイムに反映されていてほしいところです。

ここでは、このような機能を持つボタンをフォームに配置してみましょう。今回はコントロールウィザードを使わずに、手動でマクロを登録します。以降の手順に従ってください。

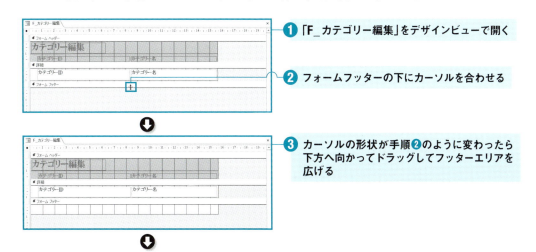

❶ 「F_カテゴリー編集」をデザインビューで開く

❷ フォームフッターの下にカーソルを合わせる

❸ カーソルの形状が手順❷のように変わったら下方へ向かってドラッグしてフッターエリアを広げる

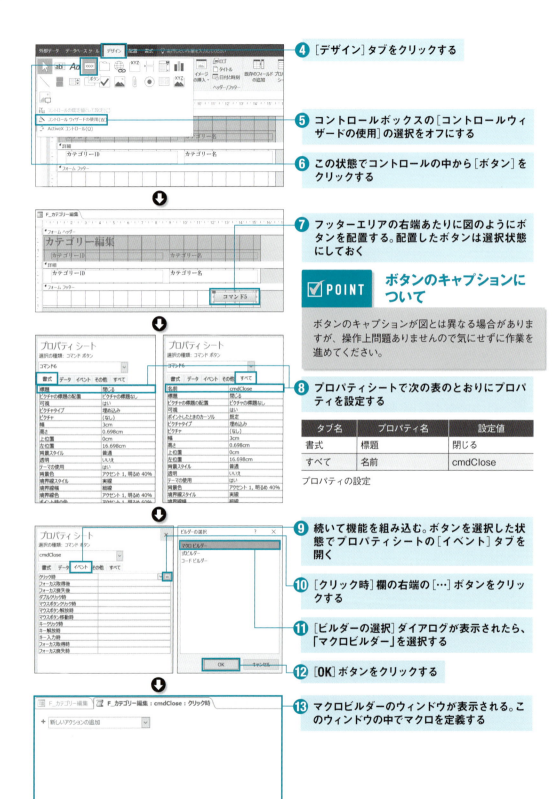

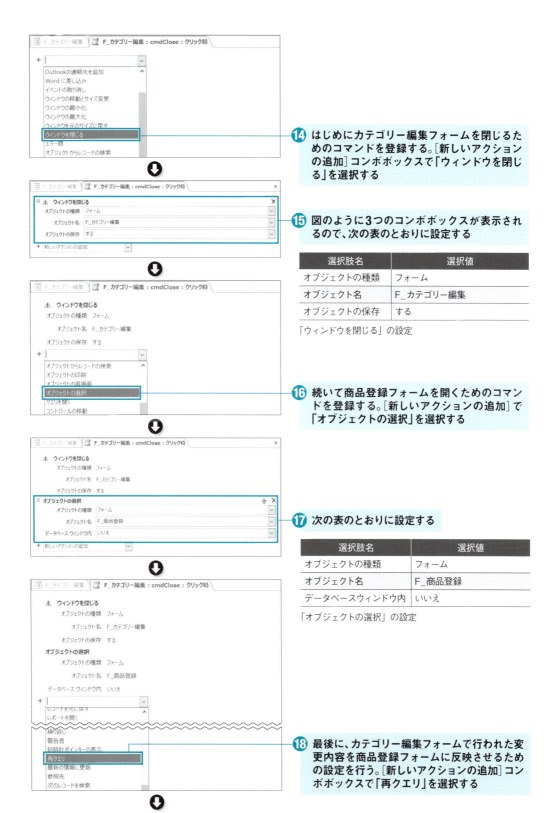

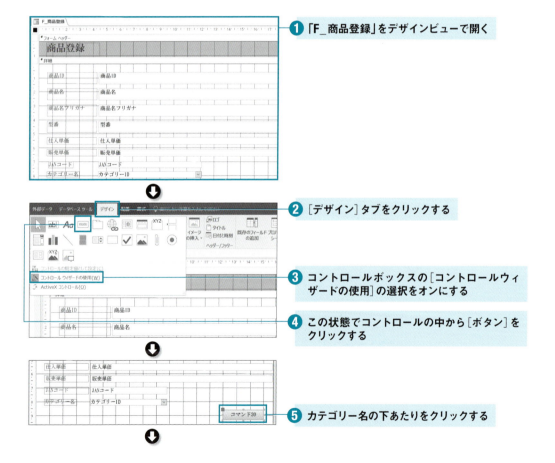

⑲ 次の表のとおりに設定する

選択肢名	選択値
コントロール名	（空欄のまま）

「再クエリ」の設定

⑳ これで「カテゴリー編集フォームを閉じる」ボタンの設定は完了。[上書き保存]ボタンをクリックして変更内容を保存したあと、マクロビルダーを閉じておく

6 カテゴリー編集フォームを開くボタンを組み込む

最後に、商品登録フォーム側に、カテゴリー編集フォームを開くためのボタンを追加します。このボタンはコントロールウィザードを使って設定します。以降の手順に従って作成してください。

❶「F_商品登録」をデザインビューで開く

❷ [デザイン]タブをクリックする

❸ コントロールボックスの[コントロールウィザードの使用]の選択をオンにする

❹ この状態でコントロールの中から[ボタン]をクリックする

❺ カテゴリー名の下あたりをクリックする

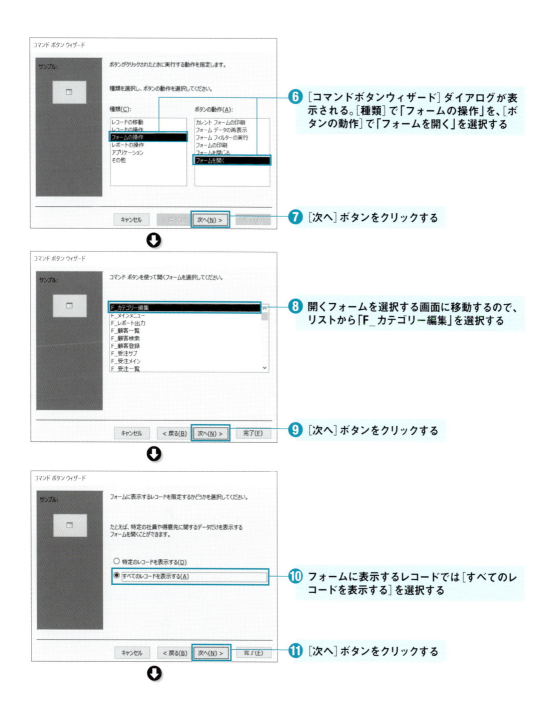

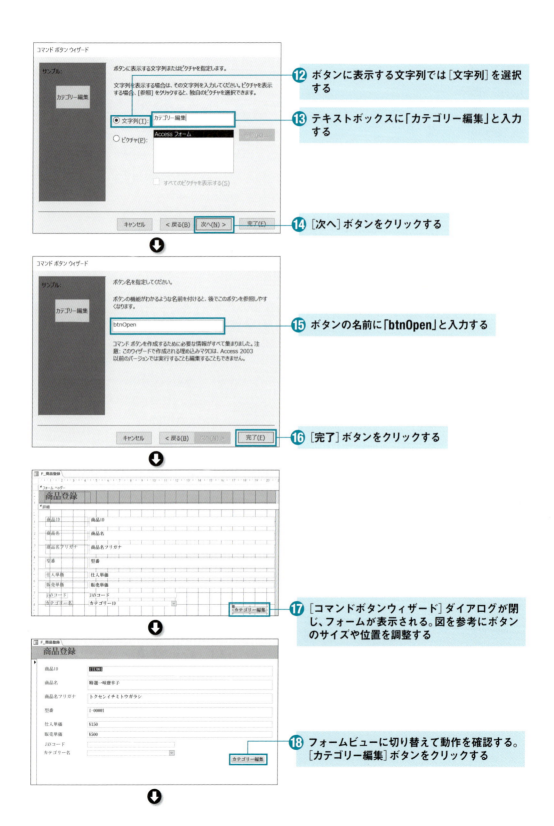

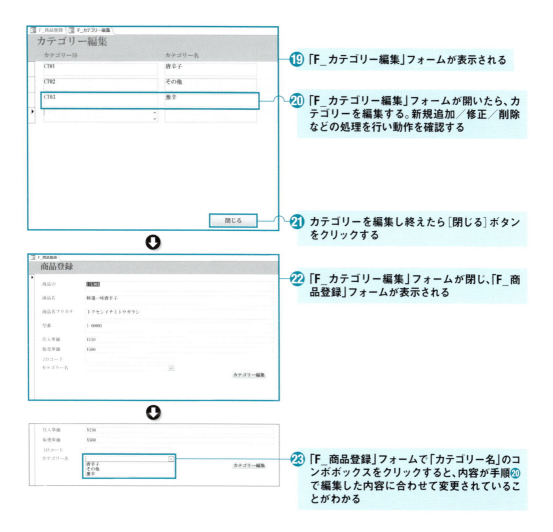

⑲ 「F_カテゴリー編集」フォームが表示される

⑳ 「F_カテゴリー編集」フォームが開いたら、カテゴリーを編集する。新規追加／修正／削除などの処理を行い動作を確認する

㉑ カテゴリーを編集し終えたら［閉じる］ボタンをクリックする

㉒ 「F_カテゴリー編集」フォームが閉じ、「F_商品登録」フォームが表示される

㉓ 「F_商品登録」フォームで「カテゴリー名」のコンボボックスをクリックすると、内容が手順⑳で編集した内容に合わせて変更されていることがわかる

05 商品カテゴリー管理機能を追加する

283

06 データのインポートとエクスポート

Accessの外部データ入出力機能を利用してデータのインポート／エクスポートを行うと、外部アプリケーションとのデータ連携を行えるようになります。

アプリケーション間のデータ連携

Accessで開発したデータベースアプリケーションと外部のアプリケーションの間で、データ連携を行いたい場合があります。

たとえば、外部の顧客管理システムから顧客情報を取り込む、全社の商品マスタから商品情報を取り込む、逆にAccessで蓄積した顧客情報を外部のDM発行システムで利用する、などのケースです。

アプリケーション間のデータ連携にはいくつかの実現方法がありますが、比較的実現の難易度が低い手法として、テキスト形式のデータを用いた半手動のデータ連携があります。

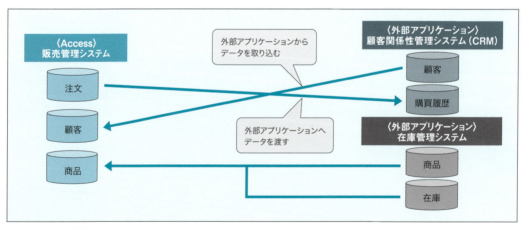

さまざまなデータ連携

Accessの外部データ連携機能を利用すると、ほかのシステムから出力されたデータをテーブルに取り込んだり、Accessデータベースのテーブルに登録されているデータを指定した形式で出力したりすることができます。

> **MEMO CSVファイル**
>
> CSV（Comma Separated Values）はいくつかの項目をカンマ区切りで並べたテキストデータです。CSV形式で作成されたファイルをCSVファイルと呼びます。

顧客情報をインポートする

はじめに、外部のデータをAccessデータベースにインポートする方法を学びましょう。

「外部システムが出力したCSV形式の顧客データを販売管理システムのM_顧客テーブルに取り込む」という想定で、顧客情報のインポートを行ってみます。

1 「取込用」フォルダを作成する

はじめに、データベースに取り込むデータを入れておくためのフォルダを作成します。

❶ デスクトップ上に「Import」というフォルダを作成する

POINT 「取込用」フォルダについて

「取込用」フォルダの作成は必須ではありません。デスクトップ上などに直接保存したファイルを取り込むことも可能です。ここでは取込用ファイルを管理しやすいようにフォルダを作成しています。

2 取込用のファイルを作成する

続いて、取り込むためのデータファイルを準備します。

通常は外部システムから出力されたデータファイルを使うことになりますが、今回は学習用に手動でファイルを作成します。

❶ Excelを起動し、次の表に従ってデータを入力する

1行目(タイトル行)は「M_顧客」テーブルのフィールド名と同じ文字列／並びにする

2行目以降は自由にデータを入力する。「M_顧客」の各フィールドのデータ型に合った値を入れる必要がある

顧客ID	氏名	氏名フリガナ	郵便番号	都道府県	市区郡	町・番地	ビル・建物名	会社名	部門名
21	山田太郎	ヤマダタロウ	156-0044	東京都	世田谷区	赤堤XXX	○×ビル	株式会社××	経理部
22	XXXXX	XXXXX	XXXXX	XXXXX	XXXXX	XXXXX	XXXXX	XXXXX	XXXXX

「M_顧客」に登録されているデータと「顧客ID」が重複する場合はエラーとなる[*1]。また、NULL(空白)にした場合もインポートは行われない

電話番号	メールアドレス	顧客区分	生年月日	性別	登録日
03-XXXX-XXXX	Taro.yamada@xxxx.xxx.jp	優良顧客	1975/1/1	男性	2016/5/2
XXXXX	XXXXX	XXXXX	1971/1/1	女性	2016/5/2

---

*1 IDフィールドの値はデータの追加時に自動で採番されます。この値が重複していると、データのインポート時にエラーとなります。インポートするデータを作成する際は、すでにテーブル内に存在するレコードのIDフィールドの値が重複しないように注意してください。

Excelの利用について

ここではCSVファイルの編集にExcelを使用していますが、Excelがインストールされていない場合は、メモ帳などのテキストエディタを使ってCSVファイルを作成してください。

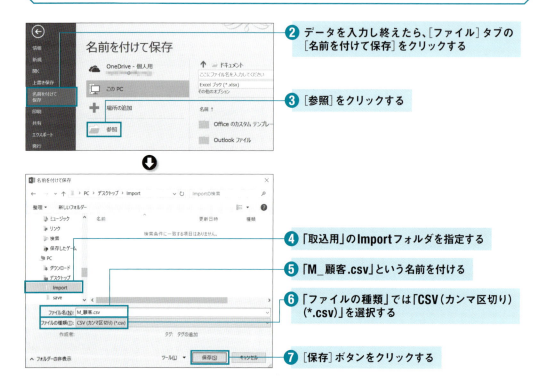

❷ データを入力し終えたら、[ファイル]タブの[名前を付けて保存]をクリックする

❸ [参照]をクリックする

❹ 「取込用」のImportフォルダを指定する

❺ 「M_顧客.csv」という名前を付ける

❻ 「ファイルの種類」では「CSV(カンマ区切り)(*.csv)」を選択する

❼ [保存]ボタンをクリックする

3 ファイルをインポートする

ファイルの準備ができたらインポートを行います。

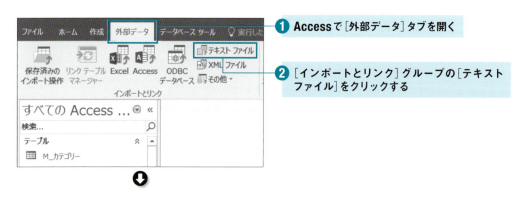

❶ Accessで[外部データ]タブを開く

❷ [インポートとリンク]グループの[テキストファイル]をクリックする

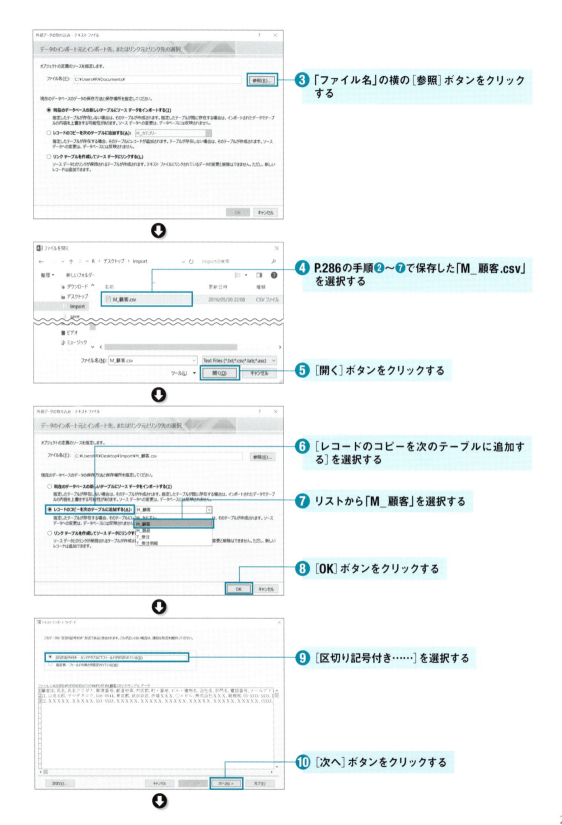

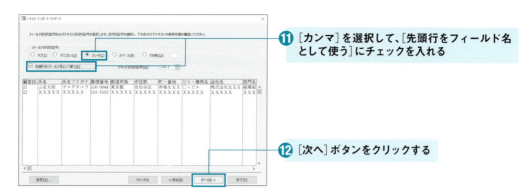

⑪ [カンマ]を選択して、[先頭行をフィールド名として使う]にチェックを入れる

⑫ [次へ]ボタンをクリックする

> ⚠ **CAUTION** ⚠
>
> ### インポートするファイルに問題がある場合
>
> インポートするファイルに問題がある場合、次のようなエラーが表示されます。メッセージで内容を確認し、個別に対応してください。
>
>

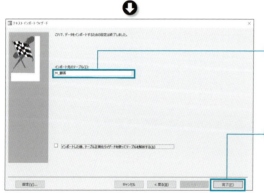

⑬ [インポート先のテーブル]に「M_顧客」と表示されているのを確認する

⑭ [完了]ボタンをクリックする

> ⚠ **CAUTION** ⚠
>
> ### チェック項目
>
> [インポートした後、テーブル正規化ウィザードを使ってテーブルを解析する]のチェックは外しておいてください。

> ⚠ **CAUTION** ⚠
>
> ### インポートしたあとのメッセージ
>
> インポートするファイルに問題がある場合、完全にデータベースに登録されなかったことが表示されます。CSVファイルをもう一度確認してください。
>
>
>
> メッセージの例

4 インポートの定義を保存する

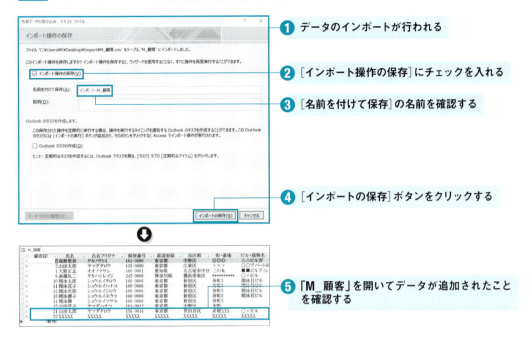

① データのインポートが行われる
② ［インポート操作の保存］にチェックを入れる
③ ［名前を付けて保存］の名前を確認する
④ ［インポートの保存］ボタンをクリックする
⑤ 「M_顧客」を開いてデータが追加されたことを確認する

> **✓ POINT　インポート操作を保存する**
>
> ［インポート操作の保存］にチェックを入れると、今回の操作で指定した取込もとファイル名、ファイルの形式、インポート先のテーブルなどの設定を保存できます。
> 保存したインポート操作は［保存済みのインポート操作］から呼び出して使用できます。同じインポート操作を何度も実行する場合はインポート操作を保存しておくと便利です。
> なお、保存したインポート操作はマクロから呼び出して使うことも可能です。

　以上、販売管理データベースに顧客情報をインポートする方法を解説しました。
　外部アプリケーション向けにデータをエクスポート（出力）する処理も、同じような手順で実現できます。エクスポートの場合は、クエリを利用して出力するデータを加工することでよりスムーズな連携を行うことも可能です。
　本書ではデータのエクスポートについては手順の解説を割愛しますが、興味のある方はAccessのヘルプなどを参考に、ぜひ試してみてください。

INDEX

アルファベット

Access	017, 029
Accessのオプション	242
Accessの画面構成	036
Accessの起動	033
Accessの終了	038
Accessのスタート画面	033
CSVファイル	284
DBMS	023
F_カテゴリー編集	277
F_顧客一覧	107
F_顧客検索	228
F_顧客登録	096
F_受注一覧	179
F_受注サブ	170
F_受注メイン	162
F_商品一覧	132
F_商品登録	130
F_メインメニュー	239
F_レポート出力	215
FileMaker	023
M_カテゴリー	272
M_顧客	088
M_商品	126, 272
Microsoft Visual Basic for Application	032, 116
MySQL	023
Q_売れ筋商品	219
Q_受注サブ	170
Q_受注メイン	166
Q_日次売上集計	207
R_売れ筋商品	221
R_日次売上集計	210
R_納品書サブ	190
R_納品書メイン	191
SQL	027
T_受注	148
T_受注明細	153
T_商品	126, 272
Where条件式	215
Yes/No型	059

あ行

アクション	032
アクションクエリ	068
値集合ソース	094, 152, 273
値集合タイプ	093, 152, 273
新しいフィールドの追加	263
宛名印刷	055
アプリケーションタイトル	244
アプリケーションの運用を開始する	051
アプリケーションのパフォーマンス	265
アプリケーションを作成する	049
アプリケーションを設計する	045
一括処理機能	042
移動バー	067
[イベント] タブ (プロパティシート)	116, 185, 214, 223, 230, 278
イベントプロシージャ	116
[イメージ]	241
印刷機能	042

インポート	042, 284〜286	関数	169
［インポートとリンク］グループ	253, 286	完全一致	118
ウィザード	073	［既存のフィールドの追加］	260, 264, 274
ウィンドウを閉じる	234, 279	既定値	213
埋め込みマクロ	230	起動時にメインメニューを表示する	243
売れ筋商品	217	切り取り	192
運用マニュアル	051	［空白のフォーム］	213, 239
エクスポート	042, 284	クエリ	031, 068, 163, 205
演算コントロール	104	クエリウィザード	069
オートナンバー型	061, 066	［クエリ］グループ	069, 163, 168, 207, 217
［オブジェクトのインポート］ダイアログ	254	［クエリデザイン］	163, 168, 207, 217
オブジェクトの選択	279	クエリの実行	071
オブジェクトの復元	253	クエリの抽出条件	073
オブジェクトのプロパティ	106	グラフ	206
オプション設定	244	クリック時	214, 223, 230, 231, 235, 278
オリジナルアプリケーション	016	計算結果の表示	169
		［結果］グループ	071, 072
		検索機能の必要性	125
		項目の削除	260
か行		項目の追加	260
		項目の並び順の変更	255
［外部データ］タブ	037, 253, 286	コードビルダー	116, 230
外部連携機能	042	顧客一覧フォーム	107
カスタマイズの注意点	250	顧客管理サブシステム	086
カスタマイズの履歴	251	顧客検索フォーム	228
カスタムWebアプリ	035	顧客住所録システム	054
カテゴリー	270	顧客情報入力／編集	055
カテゴリー編集フォーム	275	顧客情報入力画面	064
カテゴリーマスタ	271	顧客登録フォーム	096
画面レイアウト	241	顧客マスタ	088
画面を設計する	046	［コピー］	216, 222, 228
カラーピッカー	256		
空のデスクトップ データベース	034, 058		

INDEX

コマンドボタンウィザード
　　…………… 110, 113, 135, 182, 195
［コントロール］……… 114, 173, 176, 182, 241
［コントロールウィザードの使用］……… 103, 110
コントロールソース ………………………… 194
コントロールのサイズの変更 ……………… 115
コントロールの種類 ………………………… 104
コントロールの選択 ………………………… 101

さ行

再クエリ ………………… 186, 232, 235, 279
［削除］………………………………… 063, 163
削除の許可 …………………………………… 182
［作成］タブ …………………… 037, 064, 096
サブシステム ………………………………… 085
サブシステム間の連携 ……………………… 226
サブシステムの追加 ………………………… 269
サブフォーム ………………………………… 162
サブフォームウィザード …………………… 173
サブフォーム用クエリ ……………………… 168
サブレポート ………………………………… 189
参照整合性 …………………………………… 159
参照専用のコントロール …………………… 172
自作システム ………………………………… 016
自作データベースアプリケーションのメリット
　…………………………………………… 250
［実行］………………… 071, 208, 218, 256
市販パッケージソフト ……………………… 016
氏名検索 ……………………………………… 114
住所入力支援ウィザード …………………… 102

住所の構成 …………………………………… 103
住所録テーブル ……………………………… 057
重要な項目の色分け ………………………… 256
受注一覧フォーム …………………………… 179
受注情報管理サブシステム ………………… 142
受注情報登録フォーム ……………………… 162
受注情報登録フォーム（サブフォーム）……… 170
受注テーブル ………………………………… 148
受注明細テーブル …………………………… 153
昇順と降順 …………………………………… 150
商品一覧フォーム …………………………… 132
商品カテゴリー管理サブシステム ………… 270
商品管理サブシステム ……………………… 124
商品登録フォーム …………………………… 130
商品マスタ …………………………… 126, 272
書式 …………………………………… 219, 262
［書式］タブ（プロパティシート）
　　………………… 167, 229, 231, 262, 274
［新規作成］…………………………………… 066
新規データベースの作成 …………………… 034
数字と数値 …………………………………… 062
スタートメニュー …………………………… 033
［すべて］タブ（プロパティシート）
　　……………………………… 172, 196, 278
選択クエリ …………………………………… 068
操作画面 ……………………………………… 041
［その他］タブ（プロパティシート）
　　……………………………… 102, 231, 233

た行

第三者による動作確認を行う	050
対象年月	209
タブ	036
タブ移動順	257, 259
タブストップ	257, 258
帳票	032, 068
帳票を設計する	048
追加の許可	182
[ツール] グループ	260, 264
定型入力	091, 092
定型入力ウィザード	092
データ型	059
データ型の変更	266
データシートビュー	058, 061
データソース	065, 163, 196
[データ] タブ（プロパティシート）	105, 181, 194
データ分析	204, 224
データベース	016, 022, 026
データベースアプリケーション	024, 040
データベースアプリケーション開発の流れ	043
データベースオブジェクト	029
データベース管理システム	023
[データベースツール] タブ	037, 158
[データベースに名前を付けて保存]	252
データベースの作成	089
データベースの定義	023
[データベースのバックアップ]	252
データベースの保存場所	036
データ連携	284
テーブル	026, 030, 041
[テーブル] グループ	099, 148
[テーブル] タブ	038
テーブルの構成の変更	263
テーブルの作成	058, 061
[テーブルの表示] ダイアログ	158
テーブルを設計する	048, 144
テキスト	059
デザイン／レイアウトのカスタマイズ	255
[デザイン] タブ	063, 071, 103, 110, 182
デザインビュー	058, 071, 128
テスト	049
デバッグ	050
デフォルトのタブ移動順	259
テンプレート	035
問い合わせ言語	027
動作確認のチェックポイント	050
動作を確認する	049
トランザクションテーブル	089

な行

長いテキスト	059
名前	231, 233, 235, 278
並べ替え順の設定	150, 156, 165, 211
[並べ替えとフィルター] グループ	122
日次売上集計レポート	207
入力チェック	274
年齢の自動計算	103
納品書	144

INDEX

納品書レポート …………………………… 189

は行

背景色 …………………………… 097, 131, 166, 256
[配置] タブ …………………………… 099
はがきウィザード …………………………… 073
バグ …………………………… 050
バックアップ …………………………… 252
[パラメーターの入力] ダイアログ …… 170, 212
[貼り付け] …………………………… 193, 222, 229
販売管理システム …………………………… 082
ヒアリング …………………………… 084
日付/時刻型 …………………………… 092
必要な機能を洗い出す …… 045, 085, 124, 142
ビュー …………………………… 058
[表示/非表示] グループ …………… 208, 218
[表示コントロール] …………………… 093, 152
表示書式の変更 …………………………… 262
[標準] タブ（プロパティシート）
　…………………………… 091, 128, 210, 219, 273
標題 …………… 115, 176, 213, 231, 233, 278
非連結コントロール …………………………… 104
[ファイル] タブ …………………… 190, 252, 286
フィールド …………………………… 026, 059
フィールドサイズ …………………………… 090
フィールドサイズの変更 …………………… 267
[フィールド] タブ …………………… 037, 060
フィールドの削除 …………………………… 267
フィールドのデータ型の修正 ……………… 060
フィールドの名前 …………………………… 061

フィールドリスト …………………… 261, 265
フィルター機能 …………………………… 121
[フォーム]
　………………… 064, 096, 108, 130, 213, 239, 275
フォーム …………………………… 031
フォームウィザード …… 108, 132, 171, 180, 275
フォームの表示 …………………………… 244
フォームの領域 …………………………… 222
フォームビュー …………………………… 065
[フォームビュー] ボタン …………………… 066
フォームフッター …………………… 175, 277
フォームヘッダー …………… 097, 114, 131
フォームを開く …………………… 231, 235, 241
フォント …………… 058, 074, 098, 127, 166
部分一致 …………………………… 118
ふりがな …………………………… 128
ふりがなウィザード …………………… 095, 128
ふりがなの自動入力 …………………………… 095
ふりがなの文字種 …………………… 095, 115
プロパティシート ……… 090, 093, 102, 104, 106
ページフッター …………………………… 194
ページヘッダー …………………………… 192
編集ロック …………………… 105, 172, 181
[ホーム] タブ
　…………………… 037, 063, 072, 090, 192, 222, 228
ボタンの画像 …………………………… 111, 229
ボタンの名前 …………………………… 137

ま行

マクロ …………………………… 032, 113

マクロビルダー	185, 214, 231, 241, 278
マスタテーブル	089
短いテキスト	059
メインフォーム	162
メインフォーム用クエリ	163
メインメニュー	239
メインレポート	189
目的のブレイクダウン	085
目的を明らかにする	044, 084
文字色	256
モジュール	032

や行

郵便番号	091, 103
用紙サイズ	074

ら行

リッチテキスト	059
リレーショナルデータベース	025
リレーションシップ	026, 157, 267
リレーションシップ（M_商品とT_受注明細）	160
リレーションシップ（T_受注とM_顧客）	159
リレーションシップ（T_受注とT_受注明細）	159
［リレーションシップ］グループ	158〜160
リレーションシップの削除	160
リレーションシップの種類	161
リレーションシップの使用例	028
履歴	251, 273
ルックアップ	093, 094, 149, 152, 154
ルックアップウィザード	149, 155
［ルックアップ］タブ（プロパティシート）	093, 152, 273
レイアウトの削除	099
レイアウトの調整	098, 100
レイアウトビュー	065, 101, 255
レコード	026
［レコード］グループ	063, 066, 073, 211, 219
レコードセレクタ	063
レコードソース	191, 196
レコードの移動	067, 242
レコードの削除	063
レコードの選択	063
レコードの編集	062
レコードの保存	186, 233
列数	273
列幅	274
レポート	032, 068, 206
レポートウィザード	055, 211, 219
レポートビュー	222
レポートヘッダー	215, 235
レポートを開く	214
連結コントロール	104
連結列	273

著者プロフィール

丸の内とら (まるのうち・とら)

テクニカルライターとして20年に及ぶ経歴をもち、プログラミング関連書を中心に20数冊の著書を上梓。IT、Eコマース、マーケティング、人工知能などの分野で精力的に執筆活動を展開中。「難しいことをシンプルに伝える」をモットーに、技術者ではない人にも気軽に読んでもらえる技術文章を書くことをライフテーマとしている。

装丁・本文デザイン	FANTAGRAPH
人形作成	朝隈俊男
人形撮影	ディス・ワン　清水タケシ
背景写真	株式会社アフロ
編集	坂井直美
DTP	株式会社シンクス

小さな会社のAccess（アクセス）データベース作成・運用ガイド
Windows 10（ウィンドウズ）、Access（アクセス） 2016/2013/2010対応

2016年7月19日　初版第1刷発行
2021年1月5日　初版第2刷発行

著者	丸の内とら（まるのうち・とら）
発行人	佐々木幹夫
発行所	株式会社翔泳社（https://www.shoeisha.co.jp）
印刷・製本	株式会社加藤文明社印刷所

©2016 Tora Marunouchi

＊本書は著作権法上の保護を受けています。本書の一部または全部について（ソフトウェアおよびプログラムを含む）、株式会社翔泳社から文書による許諾を得ずに、いかなる方法においても無断で複写、複製することは禁じられています。
＊本書へのお問い合わせについては、2ページに記載の内容をお読みください。
＊落丁・乱丁はお取り替えいたします。03-5362-3705までご連絡ください。

ISBN978-4-7981-4452-8　　　　　　　　　Printed in Japan